走出恐惧

[美] 克里希那南达 & 阿曼娜 著

王静娟 译

漓江出版社

桂图登字：20-2010-357

图书在版编目（CIP）数据

走出恐惧 / (美) 克里希那南达, (美) 阿曼娜著 ; 王静娟译. — 桂林
漓江出版社, 2011.8（2023.2重印）
ISBN 978-7-5407-5077-0

Ⅰ. ①走… Ⅱ. ①克… ②阿… ③王… Ⅲ. ①恐惧—通俗读物 Ⅳ. ①B842.6-49

中国版本图书馆CIP数据核字(2011)第104125号

走出恐惧
Zouchu Kongju

作　　者：[美] 克里希那南达　[美] 阿曼娜
译　　者：王静娟

出 版 人：刘迪才
策划编辑：符红霞　　责任编辑：符红霞
助理编辑：赵卫平　　装帧设计：李　莹
责任校对：王成成　　责任监印：黄菲菲

出版发行：漓江出版社有限公司
社　　址：广西桂林市南环路22号
邮　　编：541002
发行电话：010-65699511　0773-2583322
传　　真：010-85891290　0773-2582200
邮购热线：0773-2582200
电子信箱：ljcbs@163.com
微信公众号：lijiangpress

印　　制：天津图文方嘉印刷有限公司
开　　本：640 mm × 960 mm　1/16
印　　张：16
字　　数：193千字
版　　次：2011年8月第1版
印　　次：2023年2月第4次印刷
书　　号：ISBN 978-7-5407-5077-0
定　　价：46.80元

穿越情绪化小孩的迷思

重新拾回生命的亮光

目录

译者序 / 1

前　言 / 4

第一部　概说

第1章　情绪化小孩的心智状态 / 2

情绪化小孩的两个层面 / 3

情绪化小孩的五种外显行为 / 4

情绪化小孩的五种创伤 / 7

成长练习 / 10

第2章　幻境状态 / 11

在幻境中，我们认同了创伤 / 12

不同种类的幻境 / 13

破除认同，走出幻境 / 15

成长练习 / 19

第3章 镜子 / 20
镜子映照出我们对他人的影响 / 21
通常我们的行为模式是无意识的 / 22
探询适当的问题 / 24
成长练习 / 26

第二部 情绪化小孩的外显行为

第4章 反弹行为与控制 / 28
留意是什么触动了反弹行为 / 29
不同种类的触发机制 / 31
留意到我们的反弹行为 / 31
不同形式的反弹 / 32
控制的策略 / 33
隐藏于反弹行为背后的恐慌小孩 / 34
成长练习 / 36
第5章 期待与任性 / 37
期待背后隐藏的是什么 / 37
任性是期待的化身 / 39
我们的期待反映了过往的被背叛经验 / 41
负面期待 / 43
成长练习 / 44
第6章 妥协 / 46
情绪化小孩在意获得肯定 / 46
深入探索妥协的根源 / 50

妥协塑造了我们的自我形象 / 51
成长练习 / 54
第7章 上瘾行为 / 55
许多种不同方式的上瘾 / 57
摆荡于控制与放纵的两极 / 58
令自己的内在意图与空间变得清晰 / 59
成长练习 / 62
第8章 幻想 / 63
对小孩而言，幻化是自然现象 / 63
迷幻化的小孩长大成为迷幻化的大人 / 65
成长练习 / 68

第三部　情绪化小孩的内在体验

第9章 空虚感与需求 / 70
恐惧感是我们情绪化小孩的根源 /70
不同形态的内在黑洞 / 73
原始基本需求 / 73
疗愈来自感受着内在的空洞 / 76
成长练习 / 78
第10章 恐惧 / 79
恐惧感是深沉、非理性和充满奥秘的 / 79
过往创伤的恐惧留存于神经系统中 / 80
承认恐惧是接受恐惧的开始 / 81
恐惧的产生是有原因的 / 82

两种基本的恐惧 / 83
感受身体里的恐惧 / 84
成长练习 / 86
第11章 感染同化 / 88
感染现象阐释了我们的负面模式 / 88
感染塑造了我们的自我认同 / 89
充满奥秘的同化现象 / 91
从感染同化中复原 / 91
成长练习 / 94
第12章 羞愧和罪恶感 / 95
羞愧的声音 / 96
“赢家”或“输家”同样是羞愧的化身 / 97
羞愧创伤的恶性循环 / 98
脱离羞愧的幻境 / 101
成长练习 / 105
第13章 严厉的内在法官 / 107
情绪化小孩对严厉法官的响应：叛逆或垮下来 / 108
厘定自己的准则 / 111
成长练习 / 115
第14章 惊吓 / 117
惊吓的触动事件 / 119
惊吓可能发生的主要层面 / 120
成长练习 / 122
第15章 被遗弃与被剥夺 / 123
被遗弃与被剥夺创伤来自内在的空洞 / 125

亲密关系开启了我们内在的遗弃创伤 / 126
逃避面对内在的空虚会导致关系的困难 / 127
生气、暴怒、怨恨，是创伤的部分内涵 / 128
介于触发事件与反弹行为之间的是创伤 / 129
某些引发被遗弃创伤的情境 / 131
面对被遗弃的创伤是通往真爱之路 / 132
成长练习 / 134
第16章 被吞没 / 135
被吞没创伤的肇因 / 135
来自创伤的外显行为 / 137
被吞没创伤造成了强烈的内在冲突 / 139
疗愈被吞没的创伤 / 142
成长练习 / 143
第17章 信任感的丧失与愤怒 / 144
处于无法信任的熟悉世界中 / 145
我们与他人之间的心桥早已断裂 / 146
走出无法信任的创伤 /148
成长练习 / 150

第四部 重拾主导生命的能力

第18章 突破旧有模式 / 152
盲目地随着脚本上演 / 153
如何突破旧有模式 / 158
成长练习 / 161

第19章 疗愈情绪伤痛 / 163
我们没有被教导如何与痛苦的情绪相处 / 163
留意自己如何受到触动 / 165
辨识什么创伤受到触动 / 166
学习接纳与感受 / 167
成长练习 / 169
第20章 为自己挺身而出 / 170
界限侵犯清单 / 170
设定界限会引发深沉的恐惧 / 173
选择“尊严”胜于“爱” / 175
反弹还是响应 / 176
成长练习 / 179
第21章 压抑、表达、接纳 / 180
接纳或压抑 / 181
压抑的情绪可能导致歇斯底里或控制 / 182
表达、燃烧、远离过往压抑的习性 / 185
学习接纳 / 188
成长练习 / 191
第22章 性与情绪化小孩 / 193
情绪化小孩如何出现于性行为过程中 / 194
性行为过程中的羞愧、惊吓与机能失常 / 195
性行为中的戏码 / 197
性行为中的层次 / 198
成长练习 / 201

第23章 摆脱角色的枷锁 / 202

找出反映我们自然本质的角色 / 202

我们对于角色的认同会变成禁锢自己的一道枷锁 / 204

我们在关系中所扮演的角色 / 205

摆脱这些角色 / 207

成长练习 / 211

第24章 关系互动与情绪化小孩 / 212

是谁在互动联结 / 212

关键在是谁在订定协议，而非协议本身 / 214

自我敏感度有助于增长对他人的敏感度 / 215

情绪化小孩无意识的联结 / 216

从孩童意识状态蜕变为成人意识状态 / 218

成长练习 / 222

第25章 均衡成熟的生命 / 224

制约：基于所作所为的假象自我价值 / 224

我们自身特质的负向制约 / 225

由向外转向向内观照 / 226

成长练习 / 229

结 语 / 230

译者序

心理谘商与身心灵的成长在各学派的淋漓发展中，逐渐走向细致深入的整合过程，帮助人类朝向均衡健康的生活。当我敞开胸怀去品尝了解各式各样可以帮助自己成长的方式与学派时，我总是对这取之不尽、用之不竭的资源心存感激，感激自己能够生长在这个生机勃勃的时代。

二十年的自我成长与致力于助人工作的过程中，接触过许多不同的老师与工作方式，我受益良多。尤其是在接触了克里希那南达和阿曼娜的工作之后，我深入地经历和体验到西方心理治疗与东方静心的结合，及其在助人工作中所带来的细致与完整。他们的工作不只帮助个人的自我成长，同时支持我们学习如何在亲子关系、亲密关系，或是家人之间的互动中，发展健全的互动模式来迎向爱。

《走出恐惧》是作者克里希那南达在《拥抱你的内在小孩》之后，透过个人成长与工作经验，进一步深入整合内在小孩疗愈旅程的结晶著作。第一部分以简要的方式，清晰地描绘内在受创的“情绪化小孩”如何无意识地随时影响着我们的生活，这些影响就那样活生生地出现在每个人的生活中，造成我们关系上的受苦与无助。然而，一旦我们可以对内在“情绪化小孩”有所了解，就可以穿越关系中的冲突，让亲密关系这面明镜成就彼此的成长与滋养。

第二部分“情绪化小孩的外显行为”，作者以深入浅出的方式，来让读者可以学习辨识内在“情绪化小孩”出现在生活中的隐晦方式。事实上，这些隐晦方式通常是生活中随时可见的具体行为。顺着章节读下来，读者或许时不时地就会觉得自己就是书中所描述的人物或状态。然而，一旦我们能够辨识这些行为，同时了解它可能给关系带来的伤害，我们就可以开始做不同的学习，有机会脱离它的影响。

第三部分“情绪化小孩的内在经验”，小孩子的特质在于他或她满怀纤细敏感的内在感觉。当感觉没有获得同理或了解时，就会导致各种被压抑下来的情绪，并无意识地留存于系统中。作者试着以婉约易懂的表达方式，来让读者了解和体会“情绪化小孩”主要的内在创伤经验（尤其是羞愧、惊吓、被遗弃的创伤），如何实际地影响着现在成人生活中的亲密关系。书中同时也支持读者学习如何照料内在受创的“情绪化小孩”，慈悲地拥抱它，关爱它。这份关爱会让我们再度地人性化，同时培养与亲密伴侣分享真实的爱与关怀的能力，不再不自觉地受困于对亲密与爱的恐惧感中。

第四部分讲述如何“突破旧有模式，重新拾回生命的自主能力”。疗愈“内在小孩”的奥秘在于，当我们学习了解内在小孩的外显行为机制，接受与慈悲地对待它的内在感受与经验时，我们同时也培养了自己的心理成熟度。这份成熟度让我们可以在关系中慈悲地关爱彼此的心情与感受，同时拥有在关系中设定健康界限的力量。我们不再需要受制于恐惧而对爱情生活踌躇不前，因为我们知道自己有能力面对关系中的挑战。

在我个人的自我成长与专业工作中，我深深地感受到“内在小孩”工作的深度及其对实际生活所带来的建设性影响。诚如作者在本书前言中所提到的：对自己内在恐惧感工作的探索只是这趟旅程的第一步，如果没有踏出第二步，我们可能会迷失在这些创伤里；因为阻碍我们享受爱以及喜悦生活的因素，并不单单是尚未疗愈的创伤，还包括我们对这些创伤的认同。所以，第二步就是去了解到这个“情绪化小孩”并不是本质的我。书中也提供了读者可以学习的静心观照方法，来运用于实际生活中以滋养本质小孩，同时培养对“情绪化小孩”卸除认同的能力。

谘商治疗或是身心灵成长丛书，不只在于帮助读者实现自我了解，还能帮助读者透过这份了解来实际地转化行为模式，使落实的日常生活能蜕变为彼此滋养的资源，而不再只是无意识地上演互相伤害的戏码。在《走出恐惧》这本书中，作者以简约易懂的方式阐述深奥的专业谘商治疗理论，画龙点睛地描绘内在心理状态，深入浅出地说明心理状态如何呈现在日常生活行为中，同时提供给读者重新拾回生命主导能力的技巧与方向。如果读者在阅读的过程中，触动到心有戚戚焉之感，或是有纤细脆弱的感觉浮现，建议可以与了解这些感受的朋友分享。或是，当感觉到被情绪所淹没，或想要更深入自我探索或疗愈创伤时，寻找专业谘商师的协助。

我个人深深地为这份工作的深度与完整性而感动，这份感动驱使着我在工作与读书的忙碌中，秉持着热情完成这本书的翻译，同时很荣幸应出版者之邀撰写这篇序文。盼望拙序能带给读者对本书的些许启发。深信《走出恐惧》能伴随着您的身心灵成长，同时帮助您学习到如何在重要关系，尤其是亲密关系中，迎向真爱。

王静娟：“爱的学习”国际认证带领者，父母效能训练讲师。

前　言

我深深地感受到，如何打破那些阻碍我们体验爱和喜悦的旧有模式，是我们需要面对的最深层问题之一。这不仅仅在关系中显得特别真实，事实上，它也影响了我们的创造力、性能量以及生活的其他层面。这是我在这本书中所要强调的主题。

最主要的问题在于我们如何看待自己。小时候，我最喜欢的电影是丹尼·凯耶（Danny Kaye）所拍的《安徒生传》；我的父母为我们买了电影原声带，我们常常唱里面的歌。其中一首讲述的是丑小鸭的故事："从前有一只丑小鸭，有着凌乱的棕色羽毛……"丑小鸭因为无法融入身处的环境，所以受到鸭子世界的排挤，不得不四处流浪；直到有一天，它遇到了一群天鹅，才发现自己其实是一只美丽的天鹅，只是意外地出生在错误的地方。

就某种意义上来说，我们其实是走在重新找回自己"内在的天鹅"——我们真实的自己——的旅程上。过去，我们一直在自我欺骗，让自己相信自己是一只"鸭子"。基本上，"鸭子"所感受到和看到的自己，是一个充满恐惧、丑陋，不被爱也不值得被爱的个体，生活在一个陌生而不友善的世界里；在这样的世界里，没有人真正地看到他们、珍惜他们。他们因此尝试以各种补偿行为来掩饰内在的恐惧和不安全感，而变成一群备感压力，不断被催迫、竞争的小"鸭子"。相反的，"天鹅"觉得自己是充满着爱、有能力、具有天赋的存在，平静祥和地生活在美丽的世界里。

在我的第一本书《拥抱你的内在小孩》中，我分享了对治疗自己内在恐惧感的体验，对我而言，那是一条接触自己内在深层敏感脆弱空间以及学习自我接受的道路。我感觉到深入体验内在小孩的创伤，是一条让我们能够在生活中创造真爱的道路——对自己的爱以及对他人的爱。我花了很多年的时间来探索这些内在创伤，那是我以前所忽视、压抑的内在空间；之后，我开始明白，如果我们没有意识到这些创伤，它们将会以各种方式来妨碍我们的生活以及我们的爱。至今，我仍然持续地把我在第一本书中提到的方式应用在生活中以及工作坊里，但在那之后，我又有了更深入的体认。现在我知道，对自己内在恐惧感的探索只是这趟旅程的第一步，如果缺乏第二步，我们可能会迷失在这些创伤里；因为阻碍我们享受爱以及喜悦生活的，并不只有尚未疗愈的创伤，还包括我们对这些创伤的认同。

我们会重复旧有的模式，是因为我们带着受创的自我形象，而且认为那就是我们本然的自己。我们无意识地认同了自己就是内在那个受创伤的“情绪化小孩”。

我将这样的内在空间称为“情绪化小孩”，因为它由强烈的情绪驱策，而这些情绪是我们无法控制，甚至常常是不自觉的。一旦落入这样的认同中，我们就会受恐惧的驱使而失去主导自己行为的能力。就像是一部由年幼、莽撞、没有归于内在中心的孩子所驾驶的车子，不由自主地重复着旧有的模式，并且不断吸引他人或某些情况来强化旧有的自我形象。

所以，对我来说，第二步就是了解到这个情绪化小孩并不是本质的我。我曾经强烈地认同于这样的自我形象和内在感觉，认为自己是一个永远比不上哥哥的小弟弟，认为哥哥总是比我聪明、迷人、有自信、敏感、有觉知，总是能得到我所渴望得到的注意力和尊重，所有的人都喜欢他。我已经从每个可能的层面来探索这个创伤，但是羞愧、恐惧和不安全感仍然存在着；在某些情况下，我会完全地被这样的感觉所淹没，什么都没办法做，只能观照着它。不管多么努力地要去改变它或是摆脱它都没有用，甚至曾经无数次地受到这些压力的影响，而无法好好地展现自己。

有很长一段时间，我甚至想都没想过自己可以或是可能不再扮演这样的角色；感觉起来好像我就是这样的一个人，任何试图避开这种感觉的努力，都只是在掩饰。记得生命中曾经有一个非常伤痛的片刻，强烈地把我带回到这个致命伤里。我哥哥是哈佛大学的三年级学生，那时我正要申请就读哈佛大学。有一天，我收到来自学校的信，打开之后，我惊讶地发现自己被录取了。我当时的第一个反应就是他们一定搞错了。后来我才知道，学校的高层曾和我哥哥谈过，他那时是校刊的编辑之一。他们告诉他："如果你弟弟有你一半好，我们就录取他。"

这个只有哥哥一半好的小弟弟的自我形象，终生都困扰着我。然而，当内在的探索到了某个阶段，我开始明白那不是真正的我；我很高兴开始认知到，这样的自我形象只是来自强烈的制约。借由离开家族窠臼，为自己找到完全不同的生活和世界，并且发展自己的天赋和静心，我开始看到那样的自我形象只是过去经验的产物。更奇怪的是，我是如此的被这样的自我看法所蒙蔽，以至于看不到事实上我的父母尊重而且欣赏我本然的样子，包括我所有独特的天赋，以及具有脱离家族窠臼、寻求新的生活方式的勇气。当我对自己的看法改变了，我的生活也开始起了变化。许多在过去严重影响着我的关系、创造力和喜悦的旧有行为模式，变得越来越不具影响力。现在，还是有很多时候，旧有的自我观感会接管我的意识；然而不同的是，现在我能够觉知到它，而且能和它保持距离，观照着它。

要看到自己内在的“天鹅”并不容易，因为我们对于“鸭子”有着太深刻的认同，而这样的认同开始于我们刚要发展形成自我概念的时候。

> 基本上，我们内在自我观感的形成，来自早期照顾者的价值观以及成长环境的社会文化，我们也因此学习到必须切断和真实自己的联结。
>
> 这就是我所谓的“情绪化小孩”的基础内涵——隐藏在冲动的行为之下，充满恐惧、羞愧、不信任感的内在经验。

当这个情绪化小孩接管了我们的生活，它会以各种不同的方式出现在生活中。其中之一就是，我们会发现自己一再地在关系中重复同样痛苦的模式，而不知道究竟是怎么一回事；还有，我们可能会迷失在一种又一种的上瘾行为里；或者，我们可能常常发生意外或生病，或是不停地让自己陷入困境；又或者，我们很容易就觉得想放弃、心灰意冷和绝望。

探索、感觉以及了解自己内在所携带的伤痛，对我产生了极大的帮助；但是到了某个时候，我发现我的焦点自然地转移到观照自己被情绪化小孩接管的片刻，不再那么在意过去的发生，而比较聚焦于观照这个情绪化小孩如何影响着我的日常生活。我也注意到这样的自然转移发生在我们训练团体中的其他学员身上；一旦他们已经深入地在内在创伤上工作过，注意力就会自然地转移到当下这个片刻。注意力转移到当下，意味着看到自己在什么时候、以什么方式认同了情绪化小孩；也就是留意到自己在任何时候，如何被羞愧、恐惧或不信任感所淹没，而行为像个小孩般——反弹、抱怨、妥协，或是让自己迷失在某种上瘾行为里。

我在这本书里所要分享的，主要是我的伴侣阿曼娜以及我自己在工作坊里所使用的素材。大约在二十年前，在花了很多时间在不同的灵性道路上追寻之后，我到了印度成为一个成道师父的门徒；从此，我就一直是他的门徒。这些年来，我一直强烈而热情地遵循着他独特的自我追寻道路。这条道路基本上是学习如何把觉知带入生活中，以及学习带着好玩和庆祝的心态待在当下这个片刻。当初去印度的时候，即使身处于一段关系里，我对于“爱”的意义以及所谓的“亲密”仍没有多少概念，只是忙着自己的事情、工作，确定自己做了“我该做的事”。但是经过这些年的学习，我已经对“爱”有了一些体验与了解。

1.我们觉得生活中有太多苦难，主要是因为我们的想法与身心经验，总被那些令人恐惧、不安的受创经验所影响和驱使着，我们称呼这个受创部分为“情绪化小孩”。

2.我们无意识地认同了内在这份受创空间——相信它就是我们本然的自己。

3.为了卸除对情绪化小孩的认同，重新拾回自己生命的真相，我们必须对自己的受创部分有所了解，同时感受着它仍然携带着的痛苦与恐惧。最后，允许自己开始冒险，来协助自己突破旧有行为与生活模式。

我在这里所提出的方法主要着重于观照并且了解情绪化小孩是如何在我们的生活中运作着。这可能是一项挑战，因为这个情绪化小孩是如此强烈地紧抓住我们的感觉和行为，当我们被它攫住时，通常没有什么内在空间可以观照；因此当情绪化小孩的感觉被触动时，我们通常会立刻产生反弹行为。我在这里所提到的方法，并不是要我们去做出改变以达到什么目标，也不用特意去改善什么，就只是简单地观照，然后允许一切的发生；经由这样的过程，就可以慢慢纾解内在情绪化小孩的失控与恐惧。当开始明白情绪化小孩是如何驱策着我们的生活，我们就超越了它的影响，然后开始拥有不同的选择，而不再失控或是被恐惧所左右。

书中的每一个章节都包含了我自己内在探索的一个领域，也举出了许多我自己生活中的例子。我同时引用了一些朋友或团体学员的例子，当然，为了维护个人隐私，我更改了名字和某些情境。我也尽量让每一个章节看起来简单明了，而在每个章节的最后，会有一些特别的练习来帮助大家探索自己的内在。

我从宽广的角度着笔，每一章节并不局限于该章主题的探索。借由本书，我想要提供的是读者对内在情绪化小孩的外显行为与内在体验的概念性理解，以及当它浮现时，知道如何与它相处，同时有能力辨识它并非本然的你。我建议你在阅读这本书的时候，最好给自己时间慢慢来。它有点像是工作手册，每一个章节处理生活中的不同层面，最好是多花一些时间去消化各个章节。

第一部 概说

第1章 情绪化小孩的心智状态

让我们更明确地来探索这个“情绪化的小孩”。想象现在有个小男孩走进你的房间，要你陪他去外面玩，而你正好有很重要的工作要做，没有时间陪他；他开始大吵大闹。你希望他能明白虽然你今天不能陪他玩，但是明天可以。可是明天对他来说并没有任何意义，于是他开始跺脚、哭闹、发脾气，叫着：“不要！我就是要现在！”

我们的内在心理层面包含许多不同的空间，其中一个空间就像这个小男孩一样——对明天没有概念，讨厌等待，不喜欢期望破灭的失落感。他要马上得到当下需求的满足和愉悦，不能延缓，因为他不相信下一次的存在，而且无法面对伤痛或是任何不舒服的感觉。我们每一个人因此而发展出来的行为模式或许有些不同，但是这个空间的内在深层体验却是相似的，我们可以将这个内在空间称为“受创小孩的心智状态”或“情绪化的小孩”。在这个意识状态下，我们完全无法和当下的真实现状在一起，无法待在当下包容、接纳当时的体验。当处于情绪化小孩的心智状态时，我们基本上是惊恐的、不信任的，充满着不安全感；而这些恐惧让我们变得冲动、反弹，甚至是永无止境的焦躁不安，或是深度的惊吓与冻结。

一般来说，当处于这样的状态时，我们无法觉知自己除了这个部分之外，内在还有其他空间的存在；我们完完全全地认同了这个情绪化的小孩，而丝毫不知道那不是本质的自己。由于深层未疗愈的幼年创伤，我们大多数人都充满着恐惧、羞愧和不信任感，而且创造了以这个情绪化小孩为基础的自我认同。然而，这并非我们自然的本质，而是由被灌输到我们内在的制约，以及一些我们无法控制的体验所造成的结果。

在课程中，我们时常放映由罗曼·波兰斯基导演的电影《苦月亮》（*Bitter Moon*）。这是一部文艺爱情片，描写两个处于无意识情绪化小孩状态的人，彼此相遇而进入关系后所发生的事。一开始男女主角无意识地坠入爱河，两个人都相信他们终于找到了自己生命中一直在追寻的真爱。而当两人关系逐渐深入时，则因越来越多的妥协而心生怨恨，因而轮流地相互攻击。虽然结局有点过于戏剧化，但是这部电影显示出，无意识的爱只会导致痛苦和毁灭。

情绪化小孩的两个层面

在自我探索的过程中，当深入体验、洞察自己的内在情绪化小孩时，我发现它涵盖两个层面。第一个层面，也就是比较外层的，是当我们被情绪化小孩所接管时，在生活中所表现出来的行为模式。也就是当别人和我们相识时，可能会看到并且借此对我们有所认识的五种面貌。它包括：

1. 反弹与控制（Reaction and Control）
2. 期待与任性（Expectation and Entitlement）
3. 妥协（Compromise）
4. 上瘾行为（Addictiveness）
5. 幻想（Magical thinking）

然后，在这些行为下面所隐含的是更为深层的情绪化小孩的内在感觉，包括：

1. 恐惧与惊吓（Fear and Shock）
2. 羞愧、罪恶感与不安全感（Shame, Guilt and Insecurity）
3. 需求与空虚感（Neediness and Emptiness）
4. 伤心与悲痛（ Sadness and Grief）
5. 不信任感与愤怒（ Mistrust and Anger）

情绪化小孩的心智状态

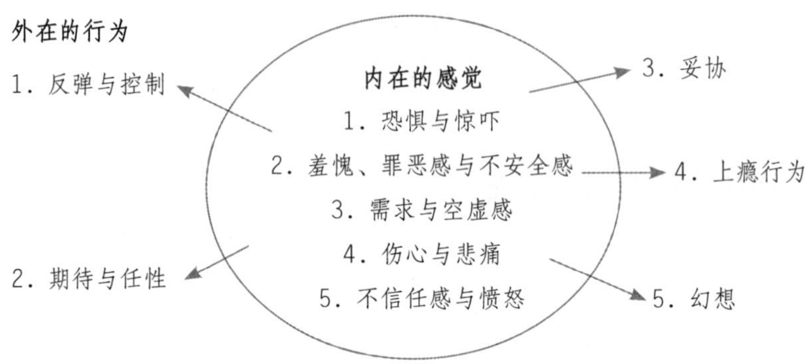

情绪化小孩的五种外显行为

我在这里先对这五种行为和感觉加以概述，然后在后面的章节中，再逐一作更深入的探讨。

首先，在情绪化小孩的状态中，我们对生活中事件的反应非常的自动化。

> 我们当下的行为反应完全被恐惧所驱使，
> 觉得如果不立刻有所反应，马上就会有可怕的情况发生，
> 或是，害怕永远得不到自己想要的。

我们被触动后就会自动化地立即反应，
根本无法觉察当时发生了什么事，或为什么情况会如此。
在触动发生和反弹行为之间，几乎没有任何空档。

之所以会那么迅速而自动化地反应，是因为我们认为那是生与死的问题。每一次当觉得受到威胁时，我们就会反击，也就是我们使用反击来让自己的需求得到满足；所以，每当我们觉得不安全、没有得到爱、没有被看到时，就会对对方做出反击的举动。当两个人无意识地以情绪化小孩的状态相处时，他们不是认为对方应该要满足他过去没有得到满足的需求，就是认为对方迟早会伤害他，因此，会不由自主地企图以各种方式来控制对方以保护自己，导致彼此之间的冲突、期待落空、误解、权力游戏以及痛苦。

我们内在的情绪化小孩同时也充满着期待——对他人以及生命。他期待他的需要能得到满足，期待对方能够消弭他内在不舒服的感觉和恐惧。小孩会有这样的想法是很自然的，因为面对自己的无助和不安全感，他不知道要怎么办才能让自己感到安全。有时候，我们因为经历了太多的失望，以至于决定放弃所有的期待；然而，那些期待仍然存在着，蛰伏于情绪化小孩的渴望里。

对某些人而言，这份孩童般的期待是明显而外放的，总是觉得自己本来就应该得到一切，所有的人都亏欠了他；所以就不断地要求、抱怨，或是当事情的发展不如所愿，注意力被剥夺时，就理所当然地觉得自己受伤了。而对某些人来说，受到压抑的隐性期待，则是隐藏于否认与伪装中。

同时，很自然地，当处于恐惧及羞愧的小孩状态时，我们会让自己过着妥协让步的生活。内在的羞愧感和恐惧，让我们担心、害怕别人会怎样看待我们，造成自己在生活中不断地妥协，也因此和自己的力量及自信心失去了联结。更糟的是，我们越来越不信任自己的想法、感觉和直觉；简单地说，我们变得不是为自己而活，而是为了他人而活。

当我们陷入情绪化小孩的心智状态时，会很容易出现上瘾的倾向。这个内在小孩就像所有的小孩一样，希望马上得到慰藉以及立即性的需求满足。而当焦虑或恐惧浮现时，我们会无意识地找些事物来纾解内在的焦虑和恐惧；所以，如果缺乏观照的能力，无法和当时的感觉及恐惧保持一些距离，我们就很容易进入各种上瘾行为。这些上瘾行为通常是慢慢形成的，我们甚至常常没有意识到它们的存在，或者留意到是什么情况驱使了这些行为的产生。然而，如果能够了解内在的情绪化小孩是多么的惶恐，我们就能够更慈悲地来看待自己的上瘾行为。

最后，当处于情绪化小孩的状态时，我们会不切实际地幻想生命中真命天子的出现，带走我们所有的恐惧和痛苦，使我们内在的寂寞、恐惧和痛苦能够得到慰藉和纾解。所以，每当我们和情人或是朋友在一起的时候，就会不由自主地试图改变他们，要他们变成我们所期待的样子；或者，当对方不如己愿时，我们就会再去寻寻觅觅，希望下一个对象将符合我们所有的期待。然而，无论是哪一种方式，都是用来让自己不用去感受对方令我们失望时的那种孤单的痛楚。情绪化的小孩无法如实地接受事物，所以他会将情况理想化；他需要感觉到身边的人和生活中的一切都以特定的方式运作着，他才能感到安全，并且确保他内在世界的秩序。所以，他总是想象所有的一切都能如他所愿，甚至把其他人当作崇拜的偶像，而生活在期望与幻想里。

情绪化小孩的五种创伤

辨识内在情绪化小孩的行为是比较容易的，但是如果想了解潜伏于这些行为下面的感觉，我们就必须更深入自己的内在。因为这些恐惧是如此深植于我们内在，而且大部分来自我们已经遗忘了的早期经历。更糟的是，由于我们在孩童时期受到过创伤，所以当处于孩童的创伤状态时，我们感受不到自己生命的自由或是自然流露的能量；相反的，我们体验到的自己充满羞愧，没有价值，卑微，而且充满悲伤、愤怒和不信任感。我们内在感受不到自我满足感；相反的，我们觉得空虚和绝望，渴望有个人能够填满自己空虚的心灵。因此，我们不由自主地不断向外寻觅，希望能够借此来让自己好受一些。

一般而言，我们都高度认同着这个情绪化小孩，所以只要在生活中稍微感觉到挫败、绝望或困扰，整个意识就会陷入这个情绪化小孩的状态，而且以为这就是我们整个人的所有真相。当迷失在反弹行为里，被期待所淹没或是被不安全感和恐惧所吞噬时，我们很难想象其实自己当下只不过是被内在情绪化小孩接管了。

我追随我的灵性导师的这二十来年，学习观照是他最重要的教导。他曾经说过，静心，是他唯一能给予的良药，它可以治疗我们所有的烦恼；而为了让我们能够听得进去，他不得不设计许多别致的包装，来让我们持续地“购买”这剂良药。这样的观照可以应用在生活的各个层面。

而对于了解我们在关系中的困难、受损的自尊和许多旧有的行为模式而言，我认为那意味着学习去观照我们内在情绪化小孩的各个面向。事实上，我们的内在都拥有观照、接纳和理解的能力，只是需要多加练习来发展这份能力。刚开始时，我们可能几乎完全处于情绪化小孩的状态，只有一点点甚至没有任何观照的空间；就像个机器人般，被触动便立即进入反弹行为，完全不知道自己为什么会出现这样的行为，以及当时有着怎样的感觉。这个孩童般的状态缺乏意识觉知，它是机械化、自动化和习惯性的。不过，当我们开始对内在情绪化小孩具有更多的了解时，自然会加深这份观照的能力。而当这份观照的能力越来越深入时，我们的意识状态也就会自然而然地渐趋成熟。

那么我们要如何来了解与拥抱这个内在情绪化小孩呢？事实上，就如同我们可能会对待那个进到房间来要求我们注意的小男孩的方式一样，我们不应压抑他或叫他走开，那样只会造成更多的麻烦，因为他会到别的地方去，然后制造新的问题；或者，他会畏缩封闭自己，把所有的热情和天赋都隐藏起来。

取而代之的是，我们试着去了解情绪化小孩的行为以及行为下面隐藏了些什么，同时把我们的爱与注意力给予这个内在情绪化小孩，而且不带批判地观照着它。这样做并不会让它因此而消失，但是，它不再是那股潜藏在内的巨大驱策力，无意识地驱策着我们的感觉和行为。或者，我们内在的某个部分仍然会持续地感到害怕而陷入反弹行为，总是会不由自主地觉得无法信任，缺乏安全感，但是，它不再那么的驱策着我们的生活。

当内在的观照者越来越有力量，我们的成熟度也日渐滋长时，我们就比较能够和它保持距离。当它接管了我们的意识时，我们可以当作是有个访客来到家里，然后保持观照，做个深呼吸，就让它待在那里。因为这些行为——反弹、期待、上瘾和补偿行为——只是内在深层感觉的外显行为，只要慢慢地练习和它们待在一起而不批判它们，我们就可以逐渐地觉察到隐藏在这些行为之下的不信任感、恐惧、匮乏和不安全感，并且和它们“待在一起”。

了解了情绪化小孩的心智状态，我们会发现它占据了我们生活中的大部分情况。我们开始理解自己是用什么方式在反弹，为什么要反弹，为什么内在有那么多的恐惧，为什么那么渴望得到爱和注意力，那么难以允许另一个人靠近，内在为何有那么多的羞愧和不信任，那么的焦躁不安，那么难于表达、展现自己的能力、性能量、创造力。总而言之，我们将会对自己的日常生活具有更多的洞察力。

成长练习：

一、探索内在情绪化小孩

这种心智状态的两个主要特质就是恐惧感和反弹行为。反弹是外显的行为，而恐惧感则是潜伏于内的感觉。

1. 开始留意你的反弹行为。留意当它出现时，伴随着什么样的感觉，以及在这个反弹的空间，你做了什么。

2. 当你看到及感觉到自己进入反弹行为的片刻，问问自己："我现在在害怕些什么？"

二、观照自己对内在受创小孩的批判

1. 留意你对自己反弹行为、恐惧、羞愧或是不信任感的批判。

2. 当你批判时，有着怎样的感觉?

3. 试着只是对自己说："哦，我正在批判。"

第2章　幻境状态

当我们处于孩童般的心智状态，受制于内在情绪化小孩时，感觉起来就好像置身于一个幻境状态中；受创的小孩处于这个幻境中，受到他所有内在信念和期待的限制。在幻境中，我们看不到外在世界的真相，而是通过幻境内的信念和期待作为过滤器，来看待外在的世界。

举个例子，我们训练课程中的一个学员在分享时提到，她正和工作上的一个同事持续发生强烈而痛苦的冲突。她是老板，但是她觉得没有人听得进她说的话。在更深入的探索之后，我们发现她一生经常处于类似的无助和不受尊重的情境中；她长期以来有贬低自己的需要，并且允许别人逾越、侵犯她的界限。隐藏在她幻境中的受创小孩觉得没有力量，而且没有权利为自己的需要及界限挺身而出；她所看到的泡泡外的世界，充斥着比她还要强壮、清楚、重要的人们。来自她内在空间的这种惯性行为模式，就是让自己的能量退缩，而且一旦她以任何方式伸张自己时，马上就会感到无比的罪恶感。而且，她从别人那里所得到的回应，也映照出了她深陷于幻境中的状态。他们不尊重她，甚至不愿意聆听她想要说的话。

我们每个人都携带着自己特定类型的幻境，这些幻境反映出我们每个人受创小孩特定状态的独特组合，包括内在无意识的信念、期待及反弹行为。它们可能是无比的羞愧感和不安全感，深度的惊吓和恐惧，不信任和孤单感，或是这些全部都有。在生活中，这些内在未完成的情绪随时都有可能被引发，而每当落入内在幻境空间时，我们每一个人都会以自己独特的方式来回应。

另一个案例是，我们团体中曾经有一个男学员，当他感到周遭缺乏爱和支持的时候，就会觉得很困扰、不信任、容易发脾气，然后他就变得具有攻击性，喜欢吵架。在这个幻境中，他不断地感受到威胁；当他从这个空间来看待外在世界时，看到的是一个充满暴力的世界，所以他需要不断地保持警戒，随时准备好防卫。所以，在他的人际关系尤其是伴侣关系中，些微的侵犯或要求就会引发他的这个部分，使他马上陷入幻境中。很自然，人们回应他的也是侵犯、防卫和恐惧。

在幻境中，我们认同了创伤

每当落入幻境中时，我们就深深地认同了幻境中的受创小孩。比如说，如果我们深陷于羞愧的幻境中，换句话说，如果我们相信自己是错误的、不值得被爱的，是一个失败者、戴罪之身，我们就会认为自己真是这个样子，好像自己就是羞愧的化身。如果有人拿一面镜子放在我们面前，我们就会在镜中看到这副德行的自己。虽然生活中的某些情况会比较强烈地引发幻境的出现，比如说，当遭到拒绝或批评时会引发羞愧的幻境。事实上，我们很多人一直无意识地处于幻境中。不同种类的幻境，来自我们对内在不同创伤的认同，像是不信任感、羞愧、被遗弃、被吞没、惊吓。经常发生的情况是，我们可能好不容易从幻境中苏醒了过来，体验到正面的自我形象，然后很快地，又出现了另外一个触动事件，让我们又回到了幻境中。实际上，我们大部分的意识层面都处于幻境之中。

当我们陷入幻境中的时候，感觉当时心里所认为的、所感受到的、所听到的、所看到的，完全是真实的状况，我们看不到也听不进不同的信息。即使当时有人充满爱关心着我们，告诉我们我们当时的想法与感觉并不符合真相，并且保证我们是被爱的，是一个美好、具有创意、珍贵独特的人，这个世界是一个安全而且充满爱的地方，我们就是听不到或者听不进这些声音。

然而，不需要大铁锤或者是数吨的炸药，来让我们从这个痛苦的幻境中苏醒过来，它需要的只是觉知与冒险。突然之间，我们会发现自己的内在世界以及外在世界起了变化。甚至，很难相信自己曾经处于幻境中，也很难相信或是感受到当自己陷入幻境中的状态，直到我们再度回到下一个幻境之中。

对于幻境现象的了解，可以帮助我们看到其实那个状态并非真正的我们，

而只是一个心智状态在当时被攫住了的我们。

有时候，我们可以从那个状态当中脱离出来。

既然有时候我们可以脱离对羞愧、不信任感以及其他幻境的认同，

那一定也意味着它们不是我们真实本然的自己。

不同种类的幻境

我们通过不同的方式在体验着不同的幻境状态。举例来说，苏珊是我们工作的一个案例，她置身于我们所谓的“羞愧幻境”中。在羞愧幻境中，我们觉得自己不值得被爱，是一个失败者，一无是处。我们可能会怀疑自己没有什么值得和他人分享的，觉得别人总是做得比自己好，甚至愚蠢得冒险去彰显自己的这一面。

另外一种类型是被遗弃、被剥夺的幻境。在这个幻境中，我们觉得没有得到爱，而进入了熟悉的被剥夺、绝望、孤单的黑暗空间

中；在这个空间中，我们甚至可能会被涌现的早期遭受拒绝及孤单的记忆所淹没。当情人或朋友不想继续和我们在一起，或是抽离以及收回他对我们的爱的时候，就会引发我们被遗弃、被剥夺的幻境。当然，羞愧感以及被遗弃感常常是同时出现的，所以很难将它们分开来看待。但是，当我在后面的章节将它们逐一详加探讨之后，这两种创伤之间的不同，将会变得更清晰。

最近，在瑞士的一个工作坊里，一位女学员和一位男学员发生了争执。那是一个长期的小团体，所有的学员彼此之间变得很亲近而且充满了爱。但是这一次，她觉得他很迟钝而且具有攻击性。当他们把这次的争吵在团体中提出来时，我们了解到原来她的跋扈性格让他想起了过去他姐姐对他的暴戾；而他则用他的方式引发她想起她乖戾暴躁的父亲。这是一个彼此幻境相逢碰撞而导致冲突的案例，双方都被自己的孩童意识状态接管了，而落入各自的泡泡中。事实上，这可以阐释大部分我们与他人互动中所产生的冲突与误解。

幻境现象来自我们的创伤。虽然就某种意义而言，我们只有一种创伤，

然而，我会从五个不同的向度来检视这些创伤：

羞愧、惊吓、被剥夺/被遗弃、被吞没、无法信任的创伤，

以协助大家对创伤有更深入的了解和工作。

当深陷于幻境中时，通常是这五种幻境类型的呈现。

不同的情况会触动不同类型的幻境，每一类型的幻境都具有它典型的感觉、信念、行为模式，以及周遭人的响应。一旦对这些创伤有所了解，我们就可以通过这些典型特征来辨识：

在这个幻境中的感觉如何？

当置身于幻境中，会做出什么举动？

是什么触动了幻境的出现？

它形成了怎样的思绪与自我认同？

例如我们工作坊中的一个男学员分享时提出，他一直从女朋友那里得不到足够的注意力，或者是足够的时间与她共处。这让他很生气，因此他不断地要求更多共处的时间；她的反弹行为是火冒三丈，然后让自己抽离。当他感觉没有得到她足够的爱的时候，他落入了自己被剥夺/被遗弃的幻境中。在这个空间，他自动化而无意识地进入愤怒、乞讨、索求的反弹行为里。当然，他总是从外界得到相同的响应——被拒绝。我们问他，当他陷入这个幻境中的时候，他是如何看待自己的，又有什么样的感觉，他的回答是，他看到一个无助、孤单、拼命想要得到爱的人，而且觉得自己如果没有立即反弹，将永远得不到想要的东西。

破除认同，走出幻境

协助我们从幻境中苏醒的过程是：

开始对幻境中的情绪化小孩多一些了解与慈悲。

有意愿去感觉在幻境中的感受，而不借由否认、分心或各种补偿行为来避开。

开始冒险挑战当置身于幻境中时所信以为真的信念。

当处于幻境中时所抱持的自我形象开始消退时，蜕变也就发生了。

我们逐渐地不再那么容易受到触动，
不再那么冲动而强烈地从幻境空间来反弹，
也不再从他人以及生活中得到相同的回应。

举例来说，苏珊是我们工作的一个案例，她认为自己是个一无是处、毫无创意的人，所以，很容易就会被轻微的批评所触动。她总是不断地自我防卫以及自我破坏，而生活以及身边的人回应她的则是不断的拒绝。当然这个情况又进一步强化了她的信念，这真是一个痛苦的恶性循环。然而，在通过我之后会讨论的方式来学习对自己内在小孩羞愧创伤的了解后，她培养了对她受创小孩更多的慈悲，理解了为什么她会这么容易就陷入幻境之中，并且了解了她的受创小孩的感受以及信念。同时，借着冒一些小险来探索并且表达她的创意天赋，她逐渐开始发现，自己并不真的像她过去所认为的那么没有力量、缺乏创意、一无是处。慢慢地，她所认同的羞愧的自我形象逐渐地消退。借由这个方式，生活中的旧有模式会自动地停止机械化的重复。

当开始对自己陷于幻境中的状态有所觉察时，也可以协助我们做事实的检查。如果某些情况让我们深陷于羞愧或不信任的幻境中，通常和朋友做一些事实的检查，就可以让我们了解到，自己所认为的、所看到的以及感受到的并不是真正的事实，而是受到我们过去经验的染污。当然，有时候我们是如此深陷于幻境中，以至于没有办法接收任何其他的信息。这时候，我们什么也不能做，就只能给它时间。自己的情人通常不是可以支持事实检查的好对象，尤其如果是他触动了你的幻境。但是，如果彼此之间拥有足够的信任，事实上这是一个可以加深两人之间联结与爱意的美好方式。

第二个协助我们走出幻境的方式，是与自己内在的恐惧与不安全感联结。除了回到内心来感觉萦绕于内的恐惧与不安全感外，没有其他的选择。我们可能会试着以各种不同的方式来避开内在的恐惧与不安全感，然而，除非我们决心向内感受它们，它们将永远不会消退。而这就是能带来真实蜕变的一步。

我个人的经验是，与内在深深的恐惧与不安全感的联结，并没有想象中可怕。我曾经很害怕，如果我对自己或他人承认自己内心是多么的惶恐不安，只会让情况更糟糕。而事实刚好相反。承认自己的恐惧，并且回到内心来感觉着它，让我觉得好了许多。同时也让我了解到，我并没有自己所认为的那么惶恐不安。当然，恐惧与不安全感是在那里，然而，同时我也了解到自己具有无比的勇气与天赋。我并非只是充满着恐惧与不安，只会做出各种掩饰不安的补偿行为。

最后是冒险的特质。当我们走出以往熟悉的舒适空间，开始做一些不一样的事情时，我们是在挑战自己旧有的存在模式以及看待自己的方式。放弃旧有的生存方式，开始让自己拥抱崭新、未知、不熟悉的方式，是我们意识上的大跃进。受创的小孩一直都处于泡泡幻境中，而且可能永远都不会放弃泡泡中的思维模式和行为习惯——相信没有人爱我，没有人了解我，我基本上是不值得爱的，这个世界充满了危险，我必须自己照顾自己，没有人会来照顾我；因为保持旧有的信念和行为是比较容易的。然而一旦我们尝试了冒险，它有可能会带来内在猛然的觉醒。

结合这三个向度的疗愈行动——了解与慈悲，感受幻境中的受创小孩，冒险突破——我们就能比较如实地来看待这些幻境，并且观照它们的出现与消失。有时候，我们可能仍然会落入其中，但是当这个情况发生时，只要有一份对当下发生的觉知，这份觉知本身就会将我们带出幻境。

幻境状态

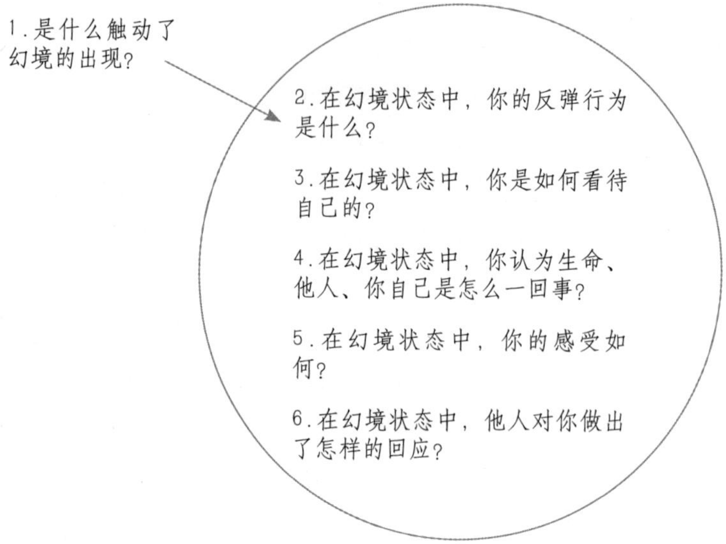

1.是什么触动了幻境的出现？

2.在幻境状态中，你的反弹行为是什么？

3.在幻境状态中，你是如何看待自己的？

4.在幻境状态中，你认为生命、他人、你自己是怎么一回事？

5.在幻境状态中，你的感受如何？

6.在幻境状态中，他人对你做出了怎样的回应？

成长练习：

认出我们的幻境

挑选一个令你感到困扰、痛苦或挫折的情况，你是否可以觉察到自己已经陷入了一个熟悉的状态中？我们把它称为一个幻境。然后，开始辨识这个幻境的特征。

1. 什么情况引发了这个幻境？这些触动事件是熟悉且具有重复性的吗？

2. 置身于这个幻境中的感受如何？

3. 当置身于这个幻境中时，你对他人以及自己有什么样的感觉和想法？

4. 当置身于这个幻境中时，你用什么方式来对外界做出反应？这是重复的反应模式吗？

5. 当置身于这个幻境中时，你认为他人以及你自己是什么样的状态，也就是说，你是如何看待他人以及你自己的？

6. 在这个空间中，什么是你最深的恐惧与不安全感？

通常，你没有留意到自己落入了幻境中，直到从当中出来了才猛然醒悟。你是否可以留意到，置身于幻境中的感受、行为、思考，和出了幻境之后，有何不同？（当深陷幻境中时，你是被你的情绪化小孩所接管占据了，但是在这之后，会比较容易观照到它。）

第3章 镜子

当我们处于幻境状态时，生活会给予我们的响应是可以预测的。生活本身以及周遭的人就像镜子一般，对我们置身于幻境中的状态做出不同的回应。我们可以想象这个过程就像是无线电台不断地传送出信息，当处于幻境中，并且强烈地认同了幻境中的受创小孩时，我们就会不断地传送出这个幻境的独特信息；然后，我们就会在不自觉的情况下，从外界得到可预期的响应。这个过程就像是在照镜子一样。然而，一旦我们能够开始看到自己从外界所得到的响应，并且理解自己在无意识当中所传送出来的信息，我们就能够开始走出内在情绪化小孩的监禁。

阿曼娜和我最近在苏黎世郊外带领一个一日工作坊。威尔海姆是其中一个学员，那天他提早抵达，并且将车子停在一个当地员工的车位上。我们到达时，留意到他和那位员工正在争论他是否可以将车子停放在那个位置。工作坊开始后，在一个简短的说明过程中，威尔海姆举手发言，并且做出让我感到惊讶的强烈攻击。当天稍晚时分，他在分享时谈到他的女友刚和他分手，他无法理解事情为什么会演变成这种情况；而同样令人惊讶的是，工作坊的一个学员不想和他一起做练习。威尔海姆没有意识到，这个情况就如同镜子一般要回应给他什么样的信息，也没有觉知到自己究竟传送出了什么样的信息以至创造出这些回应。

镜子映照出我们对他人的影响

我们大多数人并不像威尔海姆这么惹人恼怒，也不像他这么缺乏观察自己的意愿，但是我们或多或少都有自己的盲点。通常，要看到我们的信念和行为对他人造成了怎样的影响，或是如何导致别人对我们的反弹，并不是一件简单的事。我们总是倾向于把发生在生活中的每一个事件看成是偶然的，或是归咎于他人，就像我的母亲总是告诉我，生活不就是幸运或倒霉这两回事。我试着告诉她，我觉得除了幸运之外还另有其他的因素，她却无法同意这样的意见（这是我母亲罕见的有所失误的经验之一）。事实上，一旦我们开始辨识自己的幻境，我们就会渐渐知道，为什么事情会以这样的方式发生在自己身上。

有好多年，我交往的异性对象常常看起来像是我的女儿，而不太像是我的情人。她们变得依赖、幼稚、无止境地索求，我则是不断地拯救、关心她们，因为我给人的印象是这么的“充满关爱和慈悲”。但是，我却越来越感到怨恨，原本的关爱和慈悲逐渐被我抛到九霄云外，而我真正想要的只是“自由”，可以去做自己想做的事。我不断地在朋友面前抱怨我女朋友的依赖，而一直搞不懂为什么自己会让这样的模式一再地发生；我无法理解究竟是自己的哪些行为导致了这样的情况，我压根儿就认为这完全是她的错，这一切都是因为她不够独立造成的。其实，真正的根源在于我没有看到自己深陷于幻境中，不但没有向外界敞开，而且还隐身于关系中的父母角色之后，以微妙而掩人耳目的防御机制，来防卫我自己内在的羞愧与恐惧。

玛丽亚是一个四十岁出头的意大利女人，她无法理解为什么周遭的人总是离她远去，还说她是一个不容易相处的人，这令她感到很困惑。她内在的情绪化小孩非常伤心，这个受创小孩传送出来的信息是“我希望你来拯救我，带走我的悲伤”。但是她不了解自己内在的这些情况，而且每遭受一次拒绝，就让她更加的伤心和寂寞。

凯瑟琳，一个和我们一起工作的德国女人，抱怨她的另一半总是无法在身边陪伴她；然而事实上，是她无意识传递出来的索求信息推开了她的伴侣。现在，她看到了自己内在一直存在着对伴侣的索求和期待，这是她试图用来填补内心空虚的方式。

丽贝卡是一个年纪稍大的老朋友，从我认识她开始，她就一直在抱怨自己生命中的男人总是无法适时地陪伴她。在每一段关系中，她总是觉得没有得到自己想要的爱和注意力，而且每一段感情总是在遭到对方拒绝的情况下结束。即使她已经清楚地觉察到这个模式的存在，但面对每一次新的拒绝时，她总感到像是第一次被拒绝般难受。这是因为她无意识地不断传送出一个“请救我”的信息，这样的信息会让人们下意识地将她推开。

通常我们的行为模式是无意识的

我们的行为模式已经根深蒂固，并且成为自动化的反应。有时候，我们会借由让人们失去对我们的信任来将他们推开；或者，我们传达出来的信息是：“我不觉得自己值得被爱；我需要你们的认同和注意力，来让我觉得自己是好的。”在我自己的生命中曾经有过一段时期，总是遭到女人一次又一次的拒绝。我不明白造成这个情况的原因，总觉得自己很可怜。当时的我不了解这个情况之所以会一再地发生，是因为自己还没有探索处理内心中的羞愧感和被遗弃的创伤；所以，每当靠近女人时，自己就像个带着乞讨能量的小男孩，希望能从妈妈那里得到认同和无条件的爱。

皮尔是一位挪威的登山家，他的身材就像是一种挪威面包般又干又瘦。他参加我们的工作坊，每当下课后，就会马上穿上他的慢跑服，然后开始在乡间跑上六里路；在他超过五十岁的身体上找不到一丝赘肉。皮尔可谓是一个独身者，曾经结过一次婚，但是他把大部分的时间放在工作和户外活动上，因此他的太太愤然离去。他会和女人约会，但是从来不允许自己过于“投入”。有一次，我问他是否曾经恋爱过，他的回答是：“如果真是这样，我也不会让自己投入太深。”事实上，皮尔在镜子的回应中只看到有人想侵犯他，剥夺他的自由，因此对人充满了不信任。他对自己孤单的生活形态与害怕被侵犯和虐待之间的关联缺乏了解。他尚未探询到真正的问题所在。

在这些案例中，问题之所以产生，是因为当事人完全没有意识到自己一直置身于幻境中。再者，由于没有允许自己与深沉的内在感受联结，他们的生活因此不断地受到幻境中行为的驱策。

> 存在持续地致力于让我们看到自己所需要了解学习的课题，
>
> 它会不断地将镜中闪烁的信息呈现在我们眼前，直到我们有所了解。
>
> 通常，我们对这些情况的反应是感到生气，觉得受伤，感觉没有被公平对待。

而这样的反应只会为我们带来痛苦的滋味和想要放弃的感受。我们所得到的响应常常不是自己想要或期待的，然后就会感到沮丧和失望。接着，我们就开始指责、抱怨外在的响应，觉得自己没有被了解，没有得到足够的注意力、关爱以及敏感的对待。我们甚至会试着去改变外界的回应，因为我们没有意识到自己一直在持续传递出相同的信息，所以我们难以理解为什么外界的响应一直没有改变；而且，这些回应并不只是单一事件，而是重复的模式。

克里斯蒂娜和阿尔伯特在一起已有四年，他们通常会在分手几个月后又复合。克里斯蒂娜是一位漂亮的三十四岁的女性，善于运用她的美丽与性感去得到自己想要的，并且能够有效地利用这两个武器来任意摆布男人。阿尔伯特也不是一个简单的人物，他强壮到可以不落入她的陷阱任她摆布。他相信可以用来对付她的性需求和不定时暴怒的唯一方法，就是切断与她的联结。每次当这个情况发生时，她就满腹苦水地抱怨他不爱她，并且经常借由与另一个男人在一起来作为反弹报复。直到她觉得累了，才再度回到阿尔伯特身边。

从他这边来看，到了某个时候，他觉得自己受够了这样的关系，事实上这只是一般所谓的关系，所以他又回到自己所熟悉的“禅”的孤独生活方式中。阿尔伯特和克里斯蒂娜两人都传递出同样的信息：“我不相信你，而且你也没办法从我这里得到半点好处。”在这个不信任的泡泡幻境中，他们的互动充斥着彼此控制和操纵的伎俩，也因此而迷失在必须捍卫自己不受到对方伤害的自动化行为中。

探询适当的问题

我留意到，每当察觉到一个行为模式时，问自己下列问题是很有帮助的。

“人们和生活正在给予我什么样的回应?”或是：“我正在接收怎样的能量上的回馈?”

“我传递出了什么样的信息而导致这样的回应?”

“在这些信息之下，潜伏着什么样的创伤?”

只要真诚地问这些问题就够了，它会让某些事情奇迹般地开始发生，就好像我们在请求存在帮助我们深入了解自己。开始问这些问题时，我们也许无法立刻得到答案。但是通过只是简单的开始发问，就会让我们开始向外敞开来接受答案。然后，我们也就跨出了脱离自己自动化行为的一步。

从我们内在充满恐惧、羞愧与不信任的情绪化小孩的无意识空间，我们很难敞开胸怀接纳生命。而且，它会让我们的伤痛以相同的模式一再重复上演。但是当我们能够逐渐对情绪化小孩的思维、感觉和行为多一些了解时，我们就可以开始改变自己的观感。我们可以开始把生命中的每一个情况，当成是一个可以从中学习自我了解的机会。只要我们的内在转向这个接受性的空间，并且愿意向内在观看，我们就会在自己身上创造出最根本的变化。

成长练习：

观看外界的回应

在令你感到痛苦的生活情境里，例如失败或是遭到拒绝，存在可能正在向你传递什么样的信息?

1. 你是否可以觉察到你的情绪化小孩正传递出什么样的信息，而导致外界这样的回应?

2. 借由觉察到这个行为模式，可能会揭露出什么样的潜伏于模式之下的创伤?

第二部

情绪化小孩的外显行为

第4章 反弹行为与控制

当我们被内在情绪化小孩接管了的时候，我们就会无意识地、自动化地、难以控制地进入下面这些主要的行为模式中。第一种是反弹行为与控制。

> 小孩总是会自然地立即反应，
> 因为他内在没有空间可以接纳当下的恐惧和痛苦，
> 也没有空间可以延缓需求的满足，或是忍受挫折。

而这些情况就会导致我们的反弹行为。在小孩的状态中，当外界发生任何对我们造成威胁的情况时，我们就会自动化地迅速做出攻击或防卫的行动。当不确定是不是能够得到自己想要的事物时，我们就会立刻进入反弹状态，而且会先不自主地采取行动，然后才有空间可以去思考或是感觉（有时候，反弹行为是我们当时唯一能做的）。我们会以迅雷不及掩耳的方式来响应引起内在不舒服感的触动事件，因为在触动事件与反弹行为产生之间，就是我们内在那个有待探索的内在小孩的世界，它曾经是那么地受到威胁、遗弃和创伤。而当能量都消耗于自动化和习惯性的反弹行为时，我们就无法与驱使自己进入反弹行为的事物“同在”——我们看不到行为背后潜伏的内涵。

我们的情绪化小孩总是会有一股压抑不住的冲动，而不由自主地进入反弹行为，因为那对它而言是生死攸关的。过往的经验让我们觉得，生命仰仗于为了满足我们的需求而发展出来的各式策略；

在这份无意识中，我们唯一在意的是以任何方式尽可能快速地得到安全感或者是爱的感受。通常，我们是直接进入反弹行为中，而对引发我们反应的触动事件毫无觉知。真实的触动事件可能看起来是琐碎而愚不可及的，但是对一个小孩而言，它们却从来不会只是芝麻小事。

我们也可能批判自己的反弹行为，

并且因为自己所做的事或所说的话，而感觉自己很糟糕；

或者，甚至会试着控制自己的反弹行为。

然而，不论是批判自己而感到罪恶，还是尝试控制自己的行为，

都无法对我们内在受创小孩的反弹行为带来任何影响。

重要的是，认识到我们的反弹行为是多么冲动和强有力。

我们经常察觉不到触动事件的发生，直到彼此已经反弹一段时间了。但是到了某个时候，我们可以停下来，试着去看并反问自己："嗯，看起来我像是不自觉地进入反弹行为了，到底我内心里发生了什么事？"

留意是什么触动了反弹行为

几年前，在我们居住的成长小区中，阿曼娜和我及其他朋友一起经历了一个实验的过程。我们花了两个星期的时间，来仔细探索自己的反弹模式，每一次当我们留意到自己快要有所反弹时，就会将它写在一个随身携带的小本子上。我们观察着什么事会激起自己的反应，以及自己的反弹模式；那真是一扇可以回来观察自己自动

化行为的美丽窗户。而且，就更深的层面而言，可以支持我们接触到个人深层的创伤。

我个人有几个较强烈的触动事件是：感觉被评断或是误会，感觉到某人以不尊重的方式对待我，有人得到太多注意力，他们的行为、动作太孩子气和任性，还有就是所有牵涉到物质利益的事物，如税金、保险或是旅游计划，都会让我感到不耐烦。其次触动我的事件有：感觉到不方便或是需要等太久，某人约会迟到，店员用太久的时间接待一位顾客，以及其他一些使不上力或是缺乏效率的情况，或是一些自己无法掌控的状况，像是坐在汽车的乘客座位上，还有就是感觉到某人的权力凌驾于我，或者机械出现故障，因为我在机械修理方面是外行。

如果我们留意每天的生活，或许可以发现许多引发反弹的触动事件。我们通常会对对内在情绪化小孩造成威胁的任何事件有所反弹——像是某人的怒意、攻击、批判和评断，或是可以预测的威胁，像是失去某人或某物，它有可能是财务上的损失，也可能是失去某些财产。当感受到被误解或是遭到不公平的指控时，我们也可能会立即反弹，或者当我们感到被侵犯、控制，或是在一些不起眼的细节上被占了便宜时。另外，即使他人粗鲁的行为不是针对我们，我们也有可能因此而被激怒。当我们感到不方便、受伤、不被感激、被忽视或是被拒绝时，也很容易就会被激怒。当有人对我们有所期待时，我们也很容易就会进入反弹。当某人不符合我们的期待，或者当我们不情愿地被与他人做比较，或是当别人的某些行为无意识地提醒我们自己不是很喜欢自己的某些部分时，我们也常常会受到触动。

不同种类的触发机制

1. 威胁——感到被攻击、侵犯、干涉、批判或评断。
2. 伤害——感到不被欣赏，没有被顾虑到，或是被拒绝。
3. 期待——感觉到别人的索求或期待。
4. 反射——在别人身上看到一些特质，是你自己也有却无法接受的部分。
5. 比较——不情愿地被与别人做比较。
6. 失去某人或某物。
7. 感到不舒适或不舒服。

留意到我们的反弹行为

以上的情况一旦触动我们，我们就会立即以各式各样的方式来反应，而我们的反弹方式和我们与生俱来的情绪本性息息相关。有些人个性较为外向并且充满了冲劲，有些人则较为内向并且习惯性地畏缩。每当我感觉到受伤，我通常倾向于内缩，将自己封闭起来；我可能会装作一副若无其事的样子，好像我根本就不知道自己已经被某些事物所干扰。卡伦·霍妮对人们的反弹模式作了非常杰出的分类，她观察到人们借由进入对抗，或是讨好，或是抽离的方式，呈现出互动中的反弹行为。

第一种是我们称为对抗的反应模式（moving against reactions），包括责备、攻击、要求、叛逆、批评或批判、抱怨、暴躁易怒以及报复。第二种是讨好的反应模式（moving toward reactions，我把它叫作好人的反应模式），包含了能量移向对方的取悦、粉饰太平和乞求。第三种是抽离的反应模式（moving away reactions），包含了退缩、意志消沉、沮丧、放弃和闷闷不乐。在我的经验中，我们各自独特的反应模式都混合了这三种不同的形态；同时常常会在与不同人的互动过程中，呈现不同的反应形态。当我们对互动的对象有所畏惧时，我们可能会移向对方陷入讨好乞求，或是抽离避开；而当我们觉得自己的力量凌驾于对方时，就比较容易进入对抗的反应形态。

我们的反弹模式也和孩童时期身处的情绪环境，以及我们所目睹的父母亲的反弹模式有关，尤其是与我们同性别的父母。在我小时候的家庭中，情绪只能有一点点甚至完全没有表达的空间。我从来没有看过我的父亲哭泣，也几乎看不到他生气。这就是我所接收到关于情绪表达的信息。而当我看到我朋友的父母可以流畅地表达他们的情绪时，我感到非常的震惊和讶异。

我的情绪模式简直就如同我父亲一般——基本上就是批判、不耐烦、起伏不定、暴躁。直到我终于能够接受这就是我的情绪化小孩的状态之前，有很长一段时间，我一直抗拒这个事实，没有办法接受这个情况。事实上，当能够真实地接受我们的任何一种反应模式时，这份接受就能为自己带来深沉的纾解与放松。还有，我们的反应模式也深深地受到文化的制约和影响。我们多年以来在许多国家带领工作坊，所以已经可以清楚地知道并分辨每个国家人们的性情，像是北欧人、德国人、瑞士人、意大利人、美国人，或是法裔加拿大人。

不同形式的反弹

1. 进入对抗的反应：要求、责备、攻击、叛逆、报复、生气发怒、批评、批判、抱怨。

2. 陷入讨好的反应：粉饰太平、乞求、讨好。
3. 抽离避开的反应：退缩、闷闷不乐、意志消沉、沮丧、放弃、顺从。

控制的策略

控制其实是我们情绪化小孩的另一种反应形式，却表现得像是大人般的老于世故。大多数的我们都是“操控老手”，善于使用自己拿手的控制手段，因为对我们的内在小孩而言，任何情况的失控都是它无法承受的危险。我们的控制策略是如此的具有创意而且微妙，我们熟练地操纵、迫使别人屈服、威胁、诱惑、使某人信服、欺骗、让他人感到罪恶、拯救别人、给予建议——这种种方式，都是我们早期形成的一种正式并且给予自己安全感的高度无意识的方法。

我们可以借由对获取金钱和权力的上瘾来操控，甚至可以以此来架构自己的生活方式和行为，导致我们自发性的能量在生活中消失殆尽。而这一切只不过来自我们情绪化小孩的缺乏信任，因此害怕放弃控制。我们可以观察自己在生活各个层面中的控制行为——关系、金钱、工作、做爱甚至是开车的时候。

我年轻的时候住在欧洲，有时候我们会去拜访住在纽约的两位阿姨。在其中一位阿姨家中，我从未感觉到舒适，因为她家中的每样东西都过于井井有条而且非常的干净，我总是害怕自己会出差错（我就是免不了会出差错）。而在另一位阿姨的家中，虽然她住在城中较为贫穷的区域，但是当我到达的那一刻，就能感觉到可以像在家里般放松。

现在，我可以了解这两位阿姨对待她们内在情绪化小孩的恐惧的方式完全不一样。第一位阿姨无法面对这些恐惧，而且企图建立一个控制型的生活形态，来让自己不需要感觉到它们。第二位阿姨则是直觉地有意识地联结她内在恐惧的小孩。虽然是在不久之后，我才开始有意识地对我内在受创的小孩工作，但是当时我就已经可以感受到这位阿姨的智慧。她成为我某些方面的顾问，当我就读大学时，我的双亲住在以色列，而她就成为当我需要支持时最常找的对象。虽然（或许是因为）她的一生吃尽了苦头，但这反倒让她在生活中产生了罕见的信任。

我们可以把觉知自己反弹模式的觉察能力，同样运用在对自己操控策略的觉知上。每一种反弹行为都有着明显的身体内在感受，操控也是如此。我注意到每当阿曼娜开车时，我就会自动化地进入操控的情境中，并且开始评论她的开车技术。即使我强忍着什么都不说，仍然暗自在心里嘀咕着，我可以明显地感觉到潜伏在这个行为之下的那个恐惧的小孩。我开始感觉到当我给予他人意见（过去我常常这么做）或是批评他人（这是我偶尔会做的）时，隐藏于这个行为下面的操控；同时也认知和感受到，在我过度工作和持续忙碌这个行为下面的操控。

隐藏于反弹行为背后的恐慌小孩

当能更深入了解所有这些行为来自我内在的哪个空间时，我就能够比较容易接受这些行为了。我曾经批判自己的操控和反弹行为，但是现在我可以了解那是早期试图控制并且主宰环境，来让自己避开恐惧、受伤和被侵犯而衍生出来的操控行为。

小时候，无论是在家里还是在学校受到伤害，

我们都无法做出适当的响应，

结果是，我们失去了主导周遭环境的能力的自信心。

我们的反应模式和操控策略，来自内在受创小孩学习掌控他早期所无法掌控的情况。不幸的是，这样的行为并没有能够真正地达成它理应达成的结果；它并没有让我们感觉到更归于内在中心，以及拥有更多的自信。当我们深陷于来自情绪化小孩的行为时，我们无法让自己更归于内在中心或是获得更强的自信心，因为在这个无意识的空间里，我们基本上是由恐惧主导的，所以无法为我们带来所向往的生命主导权。为了能够获得所追寻的生命主导权并且归于内在中心，我们需要学习从自己意识层面的另一个空间来响应外在的环境——也就是我们内在清晰的静心空间。

成长练习：

观察干扰事件与反弹行为

1. 留意日常生活中，你因为各式各样的因素而感受到困扰的时刻。问问你自己："是什么让我感觉到被干扰？"是因为有人说了什么或没有说什么，做了什么或是没有做什么，而导致你的困扰？或者可能不是某人造成了这些困扰，那就问问你自己："是什么情境，或者是什么特别的情况造成了我的困扰？"

2. 然后，留意你对这些困扰的反应。你做了什么或是没有做什么？你是怎么试着去改变对方或是那个情境的？你又是如何试着改变你自己的？

3. 留意对方针对你的反应做出了怎样的响应？生气、保持距离、吵架、惊吓或讨好。你对于这样的响应有怎样的感觉？你有从对方那里得到自己想要的吗？

4. 最后，确认反弹行为下面潜藏着什么样的创伤？它以什么方式让你觉得受到拒绝、羞愧、恐惧、被淹没、失去信任或被操纵？

5. 留意这样的触动、反应机制对你而言是新的还是熟悉的，是否在过去曾经重复地发生过？你甚至可以回溯到孩提时代。

第5章 期待与任性

我们内在情绪化小孩的第二种反弹行为模式是期待。每一个人都在期待，而且很多时候我们完全相信自己的种种期待是合理的。我发现要将觉知带进这样的行为模式里，是最具有挑战性的；我们就像是一只顽固的驴子，紧紧地抓住自己的期待，因为期待的另一面就是孤独。放弃期待是一份会让人感到十分痛苦的觉醒，因为那意味着唤醒自己去面对内在情绪化小孩不喜欢的世界。

我总是习惯以否认来掩盖自己的期待，然而一旦我开始看到它们，我就不得不对自己的生活竟然是这么充满无意识的期待感到惊讶。我的期待是人们应该如何对待我，他们应该用什么方式以及花多少心力来爱我，我的聪明才智应该如何得到赏识，人们应该如何负责在最短的时间内给予我想要的，并且总是能预料到我的感觉和心情的变化；我非常期待自己能够被了解，甚至天气的变化也应该顺合我意。

我从来不曾想过，这一切全都起因于内在的情绪化小孩。在工作坊中，常有学员提出这样的问题：如果没有了期待，生命会怎么样？如果没有期待，是否还需要待在关系中？很确定的，那将会是很不同的生活状态。

期待背后隐藏的是什么

我们内心深处的情绪化小孩总是会有所期待，这是一个正常的现象，因为它是一个深层的生存机制。我们害怕得不到自己所想要的，或是担心会受到某种方式的伤害；在更深的层面，我们甚至害怕生命会消失。它们造成我们内在一股几乎无法忍受的恐慌，因为情绪化小孩的心智状态总是认为，自己内在的匮乏必须从外界环境中来取得；在这个空间，我们认为没有其他方式可以满足自己的基本需求。

不幸的是，我们通常不会认知到自己的行为是受到这个受创小孩的驱使，而让这样的行为给自己的生活带来接连不断的问题；因为任何期待总是会导致挫折和失望。没有人会改变自己来满足我们的期待，即使他们试着要这么做。此外，当他人感受到我们的期待时，会产生怨恨不满的情绪，我们也因此无意识地把对方推开了。

当生活中堆砌着种种期待时，

常常会导致的是无止境的失望、拒绝、挫折、低自尊，甚至是自我的毁灭。

期待，基本上是一种徒劳无益的方式，

试图从外界来填满内心的坑洞与空虚的感受。

举例来说，我们会借由希望有人能随时陪伴着自己，来消弭内在害怕被遗弃的恐惧；也会借由企图找到可以尊重我们的界限的人，来消弭内在害怕被侵犯的恐惧。只要我们期待从某人那里得到某些东西，无论它是多么的合理，我们在当下就无法清楚地看到对方当时的真实状况，我们会不由自主地期待或要求对方成为我们想要的模样。

在每个期待的背后，

都潜伏着受到背叛、遗弃或是侵犯的创伤。

我有一位朋友，在过去并不是一个非常负责任而值得信赖的人。因为有很长一段时间，我期待他成为我想要的那个样子，所以我经历了许多痛苦。他的表现完全不符合我内在字典对所谓好朋友情谊的定义，当期待落空时，我会以各种不同的方式来反弹。然而，当我开始和自己的感受待在一起时，就不再那么自动化地做出反弹的举动了，而开始看到并且接受他的本然面貌。这份接受不是来自内在放弃的空间，而是从一个清晰的观点来看到事实。从这样清晰的角度来看，我了解到我需要改变我们之间的关系互动，让自己不再陷入期待中。我所做的就是单纯地不再期待他是负责任的，或是成为我期待的样子。

任性是期待的化身

期待的一个重要面向就是“任性”，这样的态度要表达的是：“这是我应得的！这是你欠我的！”它与期待密切相关。有时候，我们的任性是显而易见的，我们会真实地相信某人或是某种情况没有给予我们应得的注意力，或是满足我们的期待，然后我们就感到愤慨并且怒火中烧。

打个比方来说，我的某位朋友总是期待别人尤其是他的情人和他在一起时，应该是放松的，归于内在中心的，并且是充满着爱的；当她们不如他所愿时，他就感到被侵犯和受到干扰。他觉得受到干扰，是因为如果周遭的人是紧张的或是在生气，就会让他无法放松下来；当同样的状况发生时，他会不停地责备和抱怨。然而，在许多年的内在工作之后，他已经能认识到那是他自己需要处理的内在感受。当受到干扰时，他可以选择向内感受那份干扰，而不是向外对干扰事件反弹。

我们的任性是非常隐蔽而无意识的，

当事情没有按照我们的期待发展时，我们就会感到暴躁易怒，

却时常无法用言语来表达为什么自己会这么沮丧。

任性的另一个指标是，我们带着期待在做一些事情，但是没有觉察到自己正在做着这样的事情。比如说，我们不会将事情完全地完成，因为内在期待着某人会为我们收拾善后；或者是，我们会让人们等待，因为我们无意识地期待某人可以任我们使唤。在我们任性的态度中，我们不会去体谅别人的感受。

我们长大成人的过程中总是伴随着一股内在的空虚感，同时学习到只有借由索求才能得到自己想要的东西的制约；而这种情形制造了双重的痛苦。我们感到匮乏而绝望，而当我们竭尽全力地想去得到自己想要的东西时，却总是得不到。在内心深处，我们其实不喜欢自己不断地索求或是反弹。只是，对内在受创小孩而言，根本不知道还有其他的方式。同时，我们也很少认知到自己内在任性小孩的各种外显行为。这种心态（以及所有来自这种心态的行为）是这么深深地埋藏在我们的内心深处，即使有人指出了它，我们也会完全不知道对方在说些什么。

当成人的头脑与我们任性的孩子气心态依附挂钩时，我们会对自己的期待觉得非常理直气壮。我们会说："毕竟，人们应该彼此公平地对待，并且善解人意。""我当然希望这个人不但慷慨大方，而且仁慈待人，你不也这样吗？"或者："当他说爱我时，他就是要这样做，不然怎么会是爱？" 诸如此类的话。我们个人所有的标准，都被用来支持灌溉我们的任性与期待，而这些标准来自我们的情绪化小孩试着要创造出秩序和祥和。事实上，生活就是它所

呈现的样子，人们也就是他所表现出的那个模样，和我们的标准一点关系也没有。

在不知情的情况下，我们带着无比的任性态度与自己的伴侣互动。它们可能需要一些时间才会慢慢地浮现出来，但是它们总是会浮现。打个比方，反依赖型的人（倾向避开恐惧的人）期待对方能够敏感地尊重他们的需要和感觉，并且给予他们足够的“空间”。依赖型的人（倾向渴望亲密的人）则期待对方永远在他们需要的时候就会出现，并且给予他们足够的“爱与关注”。我们可以检视自己关系互动中的情况，像是性、金钱、沟通和清洁等问题，同时留意那当中是否充满了我们没有发觉到的各种期待。

我们的期待反映了过往的被背叛经验

我们的期待会很精准地反映出，我们在过去所感受到背叛和被侵犯的方式。我们期待人们不要以那些会触动这些创伤的方式来对待我们。举例来说，因为小时候我总是被给予建议和恩惠等方式.侵犯，所以，现在当感觉到身边的人这样对待我的时候，我就会感到气愤，我期待他们不要这样对待我。

我们大概都会认为自己有绝对的理由可以期待别人是敏感而尊重的，是能够言出必行的；但是，对方却不见得一定会合乎我们的预期。所以，当我们紧紧地抓住自己的期待，认为它们是合理的，而且无论是什么人都不应该辜负我们的期待时，我们就无法穿越期待，也就无法看到对方的真相，而且也就无法在期待落空时，回到内心来感觉当下被触动的伤痛。我们只感觉到自己是个受害者，并感到义愤填膺。

但是，借由检视自己的期待，我们可以有效地探索自己过往被背叛或被侵犯的创伤。我们甚至不需要深入挖掘过去的经验，因为现在生活中就会出现许多的触动事件。我们会吸引一些能准确地引起自己过往创伤的情境，它可能来自我们的伴侣、小孩、员工、老师、父母亲或是朋友。

我们感到失望与挫折，隐藏在这些感觉背后的是期待，而潜伏于期待后面的是创伤。举例来说，我痛恨等待，是因为我期待人们要准时；隐藏在这背后的创伤就是觉得自己没有被重视，它让我感到自己没有价值感，于是我就马上回到那个总是只能做老二的小弟弟的角色里。当我给自己一些时间来经验这个静心的过程时，它为我的内在带来更多的空间；与其让自己一直活在充满失望和挫折的生活中，我可以开始回到内在。这并非意味着我就不会生气或者感到沮丧，只是通常我们就卡在这些情绪里，处在自己任性的心态里，而且觉得这是自己理所应得的。我们无意识地活在情绪化小孩的心态中，用充满期待的眼睛向外看着世界，而当别人或世界辜负了我们时，永无止境的挫折就会接踵而来。当我们能够从愤怒回溯到期待，再回溯到创伤时，就会为我们的内在增加许多不同的面向。

期待的静心

留意到挫折的产生

↓

回溯到内在的期待

↓

感受着创伤

负面期待

有些时候，我们其实想得到某些东西，但又生怕得不到，于是我们就做出相反的期待。这种放弃的情况，就好像是我们在自己的期待中垮了下来，还将它们压抑了下来。让自己可以不用感受到因为期待落空而带来的失望挫折的最安全方式，就是直接否认，我把它称为“停车位症状”。当我还小的时候，我们一家人住在巴黎数年。每当我们要去看电影时，我妈妈总是会说我们绝对去不成，因为我们根本就找不到停车位。如果偶尔我可以说服她跟我们一起去，我们总是会一看到车位就马上停进去，即使那个车位离我家并不远，因为她总是坚持认为不可能再找到更近的车位了。然后我们就需要走上很长的一段路，甚至要搭地铁才能到电影院。而当我们到达时，却会看到电影院附近还有空的停车位。

每当我们淡化自己的需求时，看起来好像是自己没有什么需求，然而事实上，我们的确是有一箩筐的需求。留意到自己的烦躁易怒，是揭露隐藏的期待的方法之一。隐藏于烦躁易怒背后的，就是我们未满足的期待。

试图停止期待是没有意义的。我们的内在小孩总是会有所期待，而这就是它本然的样子，而且也将永远会是这个样子，这就是我们情绪化小孩一个很主要的特征。然而，我们可以经由多加留意的方式来超越期待，进而深入探索潜伏于期待下面的伤痛，然后它们自己就会逐渐地自行消退。渐渐地，我们可以开始看到并且接受人们与生命的真实面貌，而不是看到我们自己所期待的模样。

成长练习：

一、探索你的任性

允许自己进入内在的那一股感觉——他人或是某人或是生命本身对你有所亏欠的能量。允许自己感受这一股能量在你的身体里。留意这股能量是如何出现在你的生活中的。

二、对期待的探索

观察在你目前的最主要关系中，你最大的期待是什么？如：

1. 我期待对方是敞开地陪伴着我。

2. 我期待对方是体贴的，并且能够聆听我说话。

3. 我期待对方对我的界限有着足够的敏感度，甚至不用我说什么他就会知道。

4. 我期待对方提供给我经济上的帮助。

5. 我期待对方敏感地碰触我。

6. 我期待对方不会控制或强迫我去符合他的需要和想法。

7. 我期待对方发挥自己的能量，而不是一副垮掉和软弱无力的样子。

8. 我期待对方不期待我去拯救他。

9. 我期待对方能够学习自我成长，而且不要否认自己的感觉。

10. 我期待对方能够静心，并且有意识地生活。（住的地方，对身体的照顾，等等。）

11. 我期待对方是敏感的，而且能支持我的创造力和灵性的成长。

三、探索当你期待落空时的反应

留意你对于每一个没有满足的期待会有怎样的反应，是生气、要求、责备、退缩、拒绝、否认还是降低你的愿望？当你不再将注意力放在对方身上，而只是去感觉那股期待落空的感受时，会有什么样的感觉浮现?

四、就生活中的各种领域，深入探索自己无意识的期待

你对于性欲、感觉、灵性和成长、住在一起、清洁、金钱、关系互动的期待是什么？你也可以借由上次你对某人感到生气或失望的情况，来检视并且清晰化你在这些方面的期待。

第6章 妥协

在最近的一个团体里，一个学员分享了他已经长达七年的一段关系。在这个关系的头两年，他就感觉到这样的关系对他来说不太对劲；但是因为担心她会觉得受伤，所以不忍心告诉她自己想要离开的念头。最后，只好捏造了自己是同性恋的理由来离开她；这虽然不是事实，但是至少让他觉得没有那么深的罪恶感。

内在的情绪化小孩非常害怕活在自己的真实状况中，所以常常会做出妥协的举动；因为就小孩的心智状态而言，总是认为我们必须为他人而活着。当意识状态被恐惧和羞愧感所接管时，我们就会不由自主地过着妥协的生活；因为情绪化小孩深深地认为是他人掌控了我们的存在质量。如果一直秉持着这样的一个信念，我们的行动就会一直无意识地依循别人的想法和行为，而不是直接来自自己内在亮光的指引。

情绪化小孩在意获得肯定

情绪化小孩的心态是在意如何从外在得到认可、注意和尊重，也许我们会假装自己并不需要或是不想要任何东西。然而，通常那只是一种否认的伎俩而已。事实上，我们不断地寻求注意和认同，是因为我们内在对它们充满饥渴。我们一直持续挣扎着想要得到自己所欠缺的，而其中一个主要的方式就是试图让自己顺应环境，以得到注意、爱、允许和尊重；因此我们让自己过着永无止境的妥协生活。此外，我们的情绪化小孩甚至会对极度轻微的否定，或是任何身体上和口头上的攻击感到恐惧。当需要直接面对某人对质时，我们可能立即就会被恐惧所淹没。我们就像是染上了“和谐的瘾头”，总是觉得妥协是比较安全的。

妥协就像是我们情绪化小孩的其他行为一样，是那么的自动化。举例来说，当某个你尊敬的人，或是你想从他那里得到注意力或友谊的人，询问你关于某事的看法时，你内在的小孩会自动化地说出你认为对方想听到的话。当令你感到害怕的人要你去做一些事情的时候，即使那是你最不愿意做的事情，你内在恐惧的小孩仍然会去完成它，因为你害怕失去认可。由于情绪化小孩缺乏足够的支持来做出不同的选择，当面临的情境是我们想从别人那里得到一些东西时，通常在事件发生之前，我们就已经妥协了。

我们许多人就像是一只在他人面前驯服的小狗。在我的一生中，每当与权威人物在一起时，因为害怕得不到认同或是渴望被尊重，所以常常让自己失去了中心。更为明确的说法是，在这些情境里，我从未真正听从于内心真实的想法或是自己的正直感，因为实在是太害怕了。心里面一直认为我只能妥协，所以当下自己的所言所行，全都是来自这个恐惧的空间。直到我开始在自己的这份恐惧感上工作，我才比较能够觉知到内在的感受，而借由与内在恐惧感的联结，理解自己的恐惧，而不是去批判它。

除非我们对自己的情绪化小孩发展出更深的理解，否则我们将会不断地在亲密关系中无意识地妥协；因为我们不想在关系中有任何不愉快或是不和谐，而且还会倾尽全力去避开冲突。比方说，有一对我们认识已久的夫妻，来参加我们带领的伴侣工作坊。在这个工作坊里，我们工作的主题之一，是协助相处已久的伴侣检视在互动过程中的妥协为彼此所带来的怨恨。

因为在他们的生活中彼此有许多的妥协，所以我知道如果他们一起经历这个过程，将会带出关系中的许多情况。某位先生需要不时地和其他女人一同经历青春期的梦幻，而且对于自己被婚姻所牵绊感到怨恨；她则因为深感不安全以及爱的匮乏，所以不断地取悦他。在工作坊进行到一半时，他和另外一个女学员开始了一段小小的恋情，她一开始的反应是垮了下来和乞求，然后是生气，最后开始看到她其实处在一个取悦父亲的模式中。因此，她需要的是重新拾回自己的尊严。

让情况明朗化，看到彼此是如何生活在妥协中，可以帮助他们看到自己需要去做的事。他持续地外遇，而她则起程去了印度。几个月之后，他们在一个更为清晰而且真实的状况中重逢。之前，他们两个的反应都来自各自无意识的情绪化小孩；在这样的状态中，来自一方的愤怒、否定或拒绝，只会造成另一方内在的恐惧。（我并不是建议伴侣都需要通过外遇来走出妥协，重要的是，去探索我们在亲密关系中是如何让自己垮下来的。）

如果可以开始感觉到潜伏于妥协背后的恐惧，

我们就可以觉知到这样的行为如何深远地影响了我们的生活。

然后，我们就可以具足力量来选择不同的生活方式。

不久之前，我所工作的一个个案中，案主正深受爱情生活中的伤痛和迷惑之苦。这个女人和他在一起六年了，也有了一个小孩，却和另外一个男人产生了恋情。这桩外遇事件发生前的两个星期，她还告诉他想要另外一个小孩，买一栋房子，并且正式结婚。虽然这段外遇只维持了三个星期，但是在这段时间内，他陷入了地狱般的痛苦。现在他们重新恢复关系，她说自己已经和另外一个男人结束了，想要继续他们原本的计划，买房子、结婚、再生一个小孩。除此之外，她还告诉他如果想跟她在一起，他就需要做些改变。在他来找我之前的傍晚，他得知她已经怀孕了。

这个人是一个儿童心理医师，身高超过八英尺二英寸，而且拥有一副挺拔、具有吸引力和引人注意的外表。然而，在和这个女人的互动中，他却不断地妥协，甚至非常害怕去做出一些得不到她认同的事情；他以为任何一种不同意她的方式，都表示自己不是无条件地爱着她。在家庭生活中，他完全缺乏掌控的能力。因为这个想法，所以他允许他的女朋友开他的车，而感到束手无策。事实上，我们大多数人需要学习的功课之一，是不论需要付出多少代价，也要重新拿回属于自己生命的责任。在情绪化小孩的心里，认为这是一件不可能的事，因为那太令人感到害怕了。

几年前，我曾经面临一个关系中的问题。我有一个很要好的女性朋友，但是她和我的关系却为我和阿曼娜之间带来许多的麻烦与冲突。她对我来说比较像是一个姐姐，而且我们已经彼此认识一段时间了。麻烦产生主要是因为我和两个女人之间的关系不够明确也不够直接，而这样不清晰的态度造成了每一段关系界限上的模糊。我以过去处理类似情况的方式来面对这个过程，也就是让自己像鸵鸟般地把头埋在沙堆里，假装什么事都没发生，希望事情能够奇迹般地自行好转，而这制造出了更多的冲突。潜伏于这个行为下面的情绪，基本上就是我害怕会失去阿曼娜的恐惧。一旦我能够看到自己在做些什么，还有它来自何处，我就有能力看到这只是一个老旧而熟悉的模式。当我可以肯定这两份关系，并且清楚地把我自己在关系中的位置表达给这两位女人知道，冲突也就因此而消失了。

深入探索妥协的根源

我们会让自己妥协的根源，事实上比单纯地害怕被拒绝、否定或是攻击还要复杂。小时候，大多数的我们都与自己的原始照顾者无意识地订下了契约。为了换得爱与认同，我们同意让自己成为他们所要求的样子。每个人所形成的契约都是不一样的，但是它们通常都带有生命的负面特征。为了符合社会、父母和老师的期待，我们都无意识地以某种方式同意妥协自己的生命能量和本质。因为这个原因，这样的现象被称作“负向的联系”（negative bonding）；为了与原始照顾者有所联系，我们付出了代价。当然，这种情况是发生在很早期的时候，而且深受我们所处的各种环境的支持，以至于我们根本不知道它的产生，或是对它的产生毫无头绪。

我有一个在奥斯陆的上流社会长大的挪威朋友，他被培养得像他的父亲一般事业有成，同时如人所愿与一个可以支持他的身份地位的富有女人结了婚。这段婚姻基本上建立在社会关系上。我第一次遇到他是在我正和其他几位治疗师一起带领的训练课程中，我对他有一见钟情的感觉，而且可以感受到他的善解人意和天真，以及他需要满足所有基本模式期待的挣扎。随着个人内在成长的深入，他发现越来越难以维持旧的生活模式，甚至发现自己一次又一次地贬损伤害自己。

他最后和太太离了婚，但是仍然在挪威的商业界继续挣扎，因为对他而言，要打破和父亲之间的负向契约并且面对父亲的否定，是一件太可怕的事情。他的内在深深地携带着来自父亲和社会的价值观，因此还没有办法做出第二种“离婚”，也就是与负向联系模式的告别。他最近遇到一个真正能够了解他并且爱着他的女人，但是她和过去他所熟悉的女人有很大的不同，基于担心朋友们的看法，他甚至害怕带她去见他的老朋友们。

像这样的妥协的最大困难点，在于它是这么根深蒂固于我们的内在，导致我们常常没有察觉到自己正在妥协，然而内心深处就是觉得有些不对劲，就像我的朋友虽然感到不快乐，却不知道还有什么其他的生活方式。当我们在早期生活中无意识地扮演了某个角色时，可能经常只有一个微弱的内在声音，在提醒自己正过着妥协的生活。有一些人被制约成为一个照顾者，那是我们小时候赢得爱的方法，也是现在我们以为可以得到爱的方法。就如同我一样，我们可能已经被制约成需要表现自己，所以把所有的能量聚焦于这个方向，而变成就像是一个展现自我的机器人。

妥协塑造了我们的自我形象

许多人有好长一段时间都生活在妥协中，导致自己已经不知道如果以其他的方式生活会是什么样子。不断妥协塑造了我们的自我形象，我知道自己曾经是这样的状态。记得在大学的时候，我们都习惯在阶段考期间跑去看亨弗莱·鲍嘉的电影。在当时，阶段考的前一夜去看他的电影就像是个仪式一般，虽然我们不知道接下来的内容，但是因为我们是那么熟悉鲍嘉的台词，所以甚至在他说出来之前，我们就已经大声地嚷嚷出来了。我们记得这些台词，是因为它们很酷，毫不妥协。在每部电影散场之后，我会在内心决定：要做一个像他这么酷的家伙。然而，这些决定从未实现，每次机会才一出现，我就已经回到旧有的自我妥协里。

> 当我们妥协时，内在的深层核心会感到渺小，失去控制，有一份特定的内在感受与妥协息息相关。

对我而言，那是一种松垮而不扎实的感觉。当我比较熟悉这样的感觉时，它帮助我认知到，什么时候自己说了或做了自己觉得不对劲的事情，也就是我开始对妥协时的内在感受越来越熟悉。刚开始时，我会在几天后觉察到它（有时候是几个星期后），慢慢地，中间的空当渐渐缩短到我能够立即感受到它。这是我跨出过去认为自己是个妥协的人所形成的自动化行为模式的第一大步。

当生活中所做的一切都是在妥协时，我们无法有太多的标准来衡量自己是否活得有尊严。我的生活里充斥着妥协，尤其是当有人在某方面的权力凌驾于我时，比如有人拥有拒绝、给予爱、尊重、影响生存的权力时，妥协的情况就会更明显。和这些人在一起时，我会陷入妥协来让事情变得和谐，但是我也因此而丧失了活力。更严重的是，我看到自己整个的生活形态就是妥协；我基本上是为别人活着，而不是为我自己。

在许多方面，这个情况已经有所改变。多年下来，我做了可以重拾尊严的选择和决定，并且体验了有尊严的生活所带来的内在感受。而一旦体验了这些感受，我就不会再轻易让自己回到旧有的模式中。当然，有很多时候我会捕捉到自己又回到旧有的模式中，但是次数已经越来越少了。最重要的是，我已经可以辨别其中的不同。学习到这个诀窍让我的生活起了很大的变化，它已经成为我们目前工作重要的领域之一。

当我谈到妥协时，所指的是我们存在的基本层面，而不是指当与别人一起居住时所需要妥协的一些小事。举例来说，当我想要房子温度维持在华氏68度，而阿曼娜偏好维持在华氏72度，那么，把室温设在70度并不是妥协。我所谈论的妥协是涵盖我们存在的本质面向与生命能量——它涉及的是，做了或说了违背自己自然本性的事情或话语，窄化或是否认了自己的基本需求和欲望。

走出妥协也并非意味着他人需要有所改变，因为那与他人无关，而在于找到支持我们可以做真实的自己的勇气；而这不是内在情绪化小孩可以做得到的事，因为它实在是太害怕了。所以，如果想要过不妥协的生活，我们首先需要了解自己是如何妥协的，以及在什么样的情况下妥协了，然后，开始看到自己不需要被那个感到恐惧、羞愧的内在小孩驱策。

成长练习：

一、感觉妥协的内在质地

1. 练习去了解当你妥协时内在的感受。

2. 下次当你说了或做了让你觉得不对劲的话或事情，能够有所留意。

3. 留意当时身体有什么样的感觉，你觉得自己如何，你对自己有着什么样的想法。

二、留意在生活中，你对谁妥协了

1. 观察自己如何和生活中的重要人物互动——你的伴侣，你的上司，你的密友。

2. 问问你自己，是否他们在某方面的权力凌驾于你?

3. 留意如果你妥协了，你说或做了什么，以让他们不会对你滥用他们的权力。

三、留意你妥协的方式

1. 开始对你妥协的方式有所觉知。

2. 你是不是说了自己并不真正想说的话，或是没有真正说出你的感觉。

3. 你会用什么行为来呈现出内在不真实的感受?

4. 由于害怕他人的评头论足，所以在生活中，你不会去做哪类事?

四、留意来自过去的负向契约

1. 写下你和过去的主要照顾者订下了什么合约，以让自己得到爱和认可，却要付出妥协你自己生命能量的代价。

2. 他们对你的期待是什么？而你放弃的又是什么？

第7章 上瘾行为

我们内在的情绪化小孩一直处于焦虑的状态中，只是有时候比较强烈，有时候比较微弱，可是焦虑感始终存在着。内在小孩无法承受这样的焦虑，所以他便将注意力转向任何可以舒缓焦虑的事物上，来让自己放松下来。这就是上瘾行为的来源。当这些恐惧和痛苦的创伤在生活中被触动时，会更容易让我们进入上瘾行为。

> 上瘾行为的驱动力来自情绪化小孩的状态，
> 在情绪化小孩的状态中，
> 我们几乎没有能力接纳挫败、焦虑，或是控制冲动行为。

这个部分的我们缺乏理解力来支持自己，让自己可以带着长远目标与整体健康的洞见来穿越困难。好几年前，在“生之春”的训练课程中（这是20世纪七八十年代所盛行的生命潜能课程），他们教导的是，生命关乎“短暂的痛苦和永恒的幸福”。事实上，那样的观点对我们情绪化小孩而言，是行不通的。

即使我了解上瘾行为是情绪化小孩主要的行为模式之一，我对于这个章节要写些什么依然犹豫了很久。在我自己的生命中，通常不需要面临冲动与自我毁灭的行为。或许那是因为虽然我经历了孩童时期与青少年时期的其他困难，我同时也接收到了许多的爱与支持。我的父母亲为孩子提供了一个充满爱、安全感、支持的成长环境，也激励孩子的学习意愿以及对生命的激赏。我从来不需要担心吃不饱或穿不暖，而且很清楚地学习到生命中最重要的是教育与责任。他们不只强调教育的重要，还为我们承担了昂贵的大学与医学院的学费。他们毫无疑问地认为，那是身为好父母的基本行为。我一直把这些视为理所当然，直到许久之后，我才能开始心怀感激。

大学毕业之后，有一段时间，我失去了生命的方向，挣扎着寻觅我自己的生命道路，常常感受到沮丧与迷惘。然而，我从来没有迷失于自我毁灭的行为中。在那段期间，我带着清晰的意图使用迷幻药，当作内在深层灵性道路追寻上的实验过程。那时候的两个经验改变了我的生命。

第一个经验发生在我修习法律的那一年。我明白法律不会是我想要的职业生涯，却不清楚自己要的是什么。我独自躺在床上好几小时，瞪着天花板。持续了好几天，感觉起来好像是我迷失在一个黑洞里，尤其在某一天，我感觉自己不断地往下坠落到这个深沉的黑洞中。直到刹那间，我停止了坠落，并且感受到自己正被以某种奥秘的方式怀抱着。当时，我很清晰地感受到，无论自己会坠落到多深的黑洞中，最后总是会被安全地怀抱着。这个经验之后不久，我知道自己不会再回到法律学校，只想有一大段时间就只是生活，不去思考职业与未来。于是，我搬到了加州，过了几年“自我放逐”的生活。

第二个经验发生于我自我放逐的这几年间。当时，我和几个朋友一起在大峡谷，决定要尝试迷幻药（LSD）。那段期间，我偶尔会使用迷幻药或迷幻性蕈类（魔菇，magic mushrooms）。但是，这次的经验却很特别。走进大峡谷，我好像看到到处都是上帝。经历了以为自己可能会死掉的极度恐惧之后，我听到脑海中有个声音说道：“你已经接收到了你可以从迷幻药中得到的所有信息，现在是让自己寻找一个灵性师父的时候了。”当时，我甚至对灵性师父毫无概念。然而，几年之后，我却因此而踏上了印度之旅。那天之后，我再不曾嗑药。我认为自己之所以从来没有迷失于沮丧或药物上瘾的行为中，可能主要获益于孩童时期所树立的根基。

许多种不同方式的上瘾

在我们的工作中，时常需要面对具有各种不同上瘾行为的学员。而我们两个人都没有上瘾倾向的人格特质，所以我们需要第二手数据的学习。有时候是向亲近的朋友学习，有时候则是向曾经挣扎于各种上瘾行为的个案学习，像是抽烟、抽大麻、酗酒、色情狂……

造成我们上瘾行为的原因有很多。有时候，它们具有保护的功能，让我们可以不被恐惧和痛苦所淹没。我很敬重上瘾者的疗愈经历，也一直感动于他们能待在复原的过程中。我们内在都有某一部分，试图从恐惧和痛苦中逃开。而且，我们用尽了所有逃开的方式，像是娱乐消遣、逛街购物、吃东西、社会化、孤立、运动，甚至是静心。如果我们想避开痛苦，我们一定能找得到方法，这就是上瘾行为的基础。

> 就如同其他内在情绪化小孩的行为，
> 上瘾行为的背后，潜伏着堆积如山的痛苦、恐惧和羞愧感；
> 而且深深地觉得，当它们浮现时，我们是没有能力面对的。

过去，我都是以纪律和控制的方式来处理自己的这些感觉，我发现，事实上那也是一种上瘾行为。因为它们也是受到驱策上瘾行为的同一股内在驱策力的驱使，用来避开恐惧和痛苦。我从父亲那里承袭了这样的行为模式，他强烈的干劲、魄力和自我控制力，让多数认识他的人都感到备受威胁。他是如此自律，以至于在我的记忆中，只有吃冰淇淋或是闻他最喜欢的法国芝士时，才能看到他的自我放纵。他还自学了七种语言，并且对三种乐器非常拿手，直到过世前不久，他还在交响乐队和私人社团中演奏。而且，我从来不曾看过他有脆弱的一面。他临终前，还因为我问他是否感到害怕而发火。

在这样的环境中成长，加之追随我那和父亲有同样干劲和驱迫力的哥哥的脚步，我因此学会了极度的自我驱策和对自己极度的严苛。幸好现在的我已经能允许自己在自我控制上稍稍松手。不难想象在这样的环境中，我就和其他人一样，无法有太多的空间去感受内在的脆弱。慢慢地，经由精神科住院医师的经历和多年的心理治疗，以及承诺让自己待在一份亲密关系中的经验，已经瓦解了我许多内在的严苛。

摆荡于控制与放纵的两极

每个人的上瘾倾向都是不同的，而且会造成不同形式的上瘾行为。但是基本上，内在情绪化小孩会以下列两种方式来面对上瘾行为：极度的自我控制与极度的自我放纵，没有中间的灰色地带。为了舒缓一直存在于内在的紧张和持续的焦虑，我们走向这两个极端。我观察到有些人在上瘾行为的康复过程中，会从放纵摆荡到极度控制，然而，那仍然是上瘾现象。

我们每个人都需要找到疗愈自己上瘾行为的方式。我注意到在疗愈上瘾行为的领域中，充斥着各种不同的争议。像是上瘾现象是否源于基因因素？它是否是一辈子的不幸？上瘾者是否需要终生参与戒瘾十二步骤支持团体？戒瘾者是否一辈子都不能再接触之前上瘾的瘾头，无论那是什么？我有些亲近的朋友和个案经历过上瘾康复的过程，他们强烈地支持上述争论。对某些人而言，戒瘾十二步骤支持团体与哲学信念产生了极大的功效；对另外一些人而言却不管用，所以他们需要找到其他的支持与引导。

然而，借由我自己与他人的疗愈过程，我学习到的是，

是我们的内在情绪化小孩驱使了我们的上瘾行为。

上瘾的疗愈，是借由觉察自己在什么时候，如何受到内在情绪化小孩的掌控，

并且，寻觅资源来支持自己，

同时接纳隐藏于上瘾行为下面的内在焦虑、恐惧与羞愧感。

带着爱与没有批判的态度，来观照与理解上瘾行为，似乎就是最好的良方。

也许，如果我们是在一个很放松、没有压力、充满爱及支持的环境中长大的，我们就不会有上瘾的倾向。一旦开始了解内在的脆弱和敏感曾经遭受过的巨大压力，我们就能明白自己为什么会自动化地去寻找某些事物来减轻内在的紧张。

令自己的内在意图与空间变得清晰

我们内在的脆弱曾经面临了难以数计的压力，而这所有的压力都会导致焦虑，以至于我们迫切需要一些舒缓。其中一个方法就是，不停地努力奋斗来证明自己。我们是那么自动化和无意识地掩饰着内在的羞愧，使得我们很难去了解自己是如何一直把自己置于沉重的压力之下。所有来自社会文化要我们有所成就以及成为“大

人物”的压力，让我们内在的敏感直接感受到的是深沉的羞愧和惊吓。为了要迎合这个快速、唯物主义、目标取向的世界，我们必须否认内在的敏感，这样荒唐的西方文化主导了我们的生活。

另一个导致上瘾行为的强大驱力，是对内在孤单和空虚感觉的深沉恐惧，因为内在情绪化小孩缺乏支持去面对内在孤单和无意义的黑洞。然而，现在长大成人的我们，可以为自己寻得支持。为了停止上瘾的模式，我们首先必须感受到内心强烈戒瘾的动机，以及面对过往压抑情绪的信心。我们必须直觉地感受到自己已经准备好，同时拥有足够的内在空间来面对过往所避开的恐惧与羞愧感。

我们的个案之一是多年的海洛因上瘾者。他来参加了我们的工作坊，是在当他明白自己正在毁灭自己的生命时。他到不同的国家来完成我们三年的训练课程，期间，他的内在出现了令人惊愕的蜕变。从过去的孤立，好攻击争吵，尤其是与女人的关系，他开始可以感受内心的感觉，同时越来越频繁地展现自己的脆弱。从习惯责怪他人来避开自己的痛苦，他现在可以拥抱并且显露自己的恐惧。他也想受训成为我们“爱的学习”工作的老师，我们支持他成为合格的老师。

接纳内在的恐惧与痛苦，意味着，

相信自己有足够的内在空间来承受那份不舒服感，接受它的本然状态，

同时，内心深处知道，我们拥有足够的力量来与它相处。

我也发现，当自己变得敏感而脆弱时，上瘾的情形可能会变得更糟；因为当我们更能感受到内在的恐惧和伤痛时，过去以否认和控制方式所压抑下来的焦虑就会开始浮上台面。控制似乎不是上瘾行为有效的解决方法，因为它只是摆锤的另一端而已。如同面对其他内在情绪化小孩的行为一样，努力尝试去改变或是矫正似乎没太大的作用。我最深刻的自我发现是在内在找到一份信任，相信即使放弃控制，我也不会落入万劫不复的堕落和放纵的深渊里而失去生命的目标和方向。慢慢地，我发现到有一份内在的力量和导引，让生命的小舟朝适当的方向航行。

成长练习：

一、辨识上瘾行为

观察自己有哪些行为是过度沉迷或是自我毁灭的，而且让你没有真的活在当下？选择其中一种行为，并留意：

1. 你会批判自己这样的行为吗？如果会，你的批判是什么？

2. 在生活中什么样的压力会引发你这样的行为？

3. 这个上瘾行为如何呈现出潜藏的恐惧或羞愧感？看看你是否能联结上这份恐惧或羞愧感，同时感受它在身体上的反应。

二、疗愈上瘾行为

问你自己：

1. 我为自己的上瘾行为付出了什么代价？尤其是在我的创造力、各种关系和身体健康方面。

2. 我是否已经准备好面对在疗愈过程中可能浮上台面的恐惧、焦虑、羞愧与痛苦？

3. 在现在的生活中，我可以做哪些扎实的准备支持自己疗愈上瘾行为。

第8章 幻想

几年前，当我刚开始自己内在的治疗过程时，治疗师要我稍微谈谈我的孩提时代。我思考了一会儿，然后表示真的没有多少可说的，因为“我有一个美好的孩提时代”。因为我极度地将父母亲理想化，以至于我仍然通过他们的眼睛在看着这个世界，所以我的治疗师有时候必须要中止她的工作。

在治疗的课程中，他们美好的形象开始在我的内在瓦解，这对我而言真的是一个令人震撼惊愕的经验——那是我刚开始和自己的内在孤独接触的经验之一。因为我是那么的聚焦于我所得到的好处，以至于没有办法清楚地看到一些不好的经验。就小孩的心智状态而言，我们需要借由理想化自己的父母亲，来给予自己面对生命的根基与强烈的归属感；这种情况就好像我们活在一个幻化的状态中，在这个状态中，我们想象任何事情都符合自己所希望的样子。

对小孩而言，幻化是自然现象

对一个小孩而言，这是必要的生存机制，因为他除了信任大人之外别无选择。但是，在这样的机制下，我们却无法真正长大成熟。

> 即使已经是一个大人，我们仍然处于迷惑状态中，
> 持续地通过情绪化小孩的眼睛在看着这个世界，
> 而无法真正地看清或清晰地评判当下的真相。

几年前，我受邀参加一个婚礼。他们参加过我们的工作坊，所以我认识他们，尤其是新娘。我为他们彼此的结合感到高兴，同时也直觉到这桩婚事决定得太早了。因为他们正面临一些困难，所以希望借由结婚以及兴致高昂的誓言可以让困难消失。结果，问题仍然存在，并且在两年后结束了这场婚姻。他们结婚的决定，是来自内在幻化的小孩。

客观地看清事实，会让我们觉得太害怕也太痛苦了；因此，我们让自己持续地抱着希望，然后又一再地失望。这种迷幻状态是情绪化小孩心智状态的主要特征之一。我自己的过程是，在理想化瓦解之后的几年间，我来到了另一个极端，只想和我的家庭保持最少的接触；甚至每当我看到别人和我有相同的犹太制约时，我就会马上觉得困窘而退缩起来。

我有个很好的朋友，他与生俱来的纯真让他很容易就受人喜爱，同时也很容易就受骗，而且他一直觉得自己总是被信任的人背叛。事实上，当两个人坠入爱河时，通常是两个人都处于自己的幻想（magical thinking）中，都没有看到对方真实的面貌。在这样的情况下，由于内在情绪化小孩是那么的渴望自己的需求能够得到满足，因此，我们会只看到自己想看的。

内在的渴求蒙蔽了我们。很多时候，关系会遇到瓶颈，都是因为其中一方或双方感到失望和挫败。他们在幻境中开始了这一段关系，不切实际地幻想着，认为对方是自己梦寐以求的白马王子或白雪公主；而当对方没有达到自己的期望与期待时，就开始品尝幻灭的苦果。我们和权威人物之间的互动，也会产生类似的动能；一开始他们是那么伟大而完美，然而，当他们做了些事情瓦解了我们的“信任感”时，我们就会开始贬低他们。事实上，我们从一开始就一直没有看到他们真实的样子。

无论我们是把别人捧上天还是将他们贬得一文不值，都是由于我们不切实际的幻想。事实上，真相并不像我们以这样的角度看到的那么糟，也不像我们以那样的角度看到的那么美好。由于不切实际的幻想，我们一再地从一个极端摆荡到另一个极端，直到精疲力竭而放弃，而从来没有看到事实的真相。

迷幻化的小孩长大成为迷幻化的大人

小时候，我们很自然地需要而且想要相信大人们的一切都是真的。我们本然的天真和信任以及对学习的渴望，使得我们毫不怀疑地高估敬仰着教导我们的人，我们被他们的权威和他们在我们心中所建立的形象所迷惑。这些全都是正常而自然的现象，问题在于我们把小时候的迷惑状态带到了现在的成人生活中。

> 造成我们将小时候不切实际的幻想带到成人世界的主要原因之一，
>
> 是我们没有学习过如何有效地主导自己的世界，
>
> 以及建立对于自己独特能力的自信，
>
> 以让自己能够分辨什么对自己是真实的，而什么不是。
>
> 另一个原因是，
>
> 我们不愿意接受自己需要靠自己的双脚站立，独自面对世界这个事实。

在情绪化小孩的心智状态中，我们总是找寻着可供我们瞻仰，并且会照顾我们的父母形象。我们渴望从他们那里得到注意，而且感觉到自己在他们眼中是特别的。此外，我们也借由取代的方式来得到自尊，亦即借由知道他们，同时想象他们是我们奋斗的目标来肯定自己。也就是说，我们并没有发展出真实的自尊，我们内在对自己的良好感受，并不是来自对自己的感觉，而是来自将他人理想化。

所以，当对方从云端上掉了下来，我们就会开始受苦，觉得失望、被遗弃和被背叛，同时也开始碰触到内在缺乏自尊的部分，因为之前的自尊是虚假地建立在他人之上的。通常，我们完全不知道这就是造成自己常常感觉到悲惨的原因，而误以为自己感觉很糟是因为别人让我们失望。

当我们把某人迷幻化和理想化时，我们无法以平衡成熟的态度去看清他们的正向面和负向面。这样的情形可能会发生在我们和任何人的互动中——情人、朋友、老板、老师或英雄人物。然而，当开始看到他们的人性面时，我们会感到痛苦——因为那让我们感到被遗弃，而迫使我们必须成长。但是，我们内在的情绪化小孩却完全不想长大。所以结果常常是，当某人没有达到我们的期望时，我们会觉得受骗，然后再去找到另一个人来将他理想化，以填补内在的空洞。

我不只对我的父母，同时对以前的朋友和老师也有过这样不切实际的幻想。我曾经梦幻般地期待着别人会是敏感的、善解人意的、仁慈的、为他人着想的；当我看到他们并没有我所想的那么“有智慧”时，我会觉得沮丧。还有，当我面对一位新的老师，或某个我可以向他学习新事物的人时，也会将他理想化；认为这些事物是最厉害、最新颖的，而这个人是如此的美好、有智慧、有深度，直到我开始看清他，同时感受着随之而来的失望。我已经能越来越快地认出，这样的反应只不过是自己内在情绪化小孩的行为，并渐渐更清楚地看到对方的力量和不足之处，然后依旧爱着他们，同时向他们学习。

或许迷幻化的自我会以最细微的方式出现在我们的灵性生活中。灵性的追寻可能会触碰到我们内心最深沉的渴望与最深层的盲点地带。这就是为什么会有这么多的着迷、盲从、热情甚至是暴力充斥于其中。三年前，我在印度参加了一个为期三周的“成道课程”。我已经走在这条“觉醒的道路”上很长一段时间，也颇有功效。然而，我亲近的朋友们告诉我，我一定得亲身去体验这个课程。他们以“成道保证”如此强而有力的说辞来宣扬这个课程，我不能不困窘地承认自己上了钩，花了大把的钱去参加。我没有权利对他人说三道四，然而毫无疑问的，是我内在迷幻化的小孩去参加了那个课程。阿曼娜认为我有点失常，然而她也知道，我在追寻真理道路上的热情，不会留下任何没有走过的道路。但是我真希望当时没有去走那一步。

成长练习：

处理迷幻化状态

1. 选择一个你生活中的权威人物。这个人以什么样的方式让你感到失望？留意自己是否已经将这个人理想化，而你的失望是否来自他没有满足你的希望和期待。

2. 在过去的关系中，什么情况会使你对对方失去信任？你以什么样的方式让自己不去看到对方本然真实的样子。

3. 在灵性道路上，你发现在哪些方面，你并不信任自己？

第三部

情绪化小孩的内在体验

第9章 空虚感与需求

在想要和内在的情绪化小孩保持距离之前，我们必须先了解并且经验他的内在世界。刚开始的时候，我几乎完全否认他的存在。我回想起几年前一个深刻的经验，那时我正在参加一个男人成长团体，其中的一个活动是要我们花三天的时间打扮成女人的样子，然后去了解和体验那是什么样的感觉。一开始，我只是在表面上打转，花一些时间作不同的装扮，带着新奇的感觉到处雀跃着。但是到了第二天，内在有了些微的变化，我开始感受到越来越强烈的不安全感，想把自己藏起来，甚至还有害羞的感觉。

我可以看到另一部分的自己开始浮现，而那是我以前一点也不熟悉的部分。我从惯常的外向、忙碌、迅速、表象，慢慢地来到另一个比较安静、不信任、恐慌以及羞愧的内在空间。到了第三天，我感觉到越来越能够放松地待在这样的空间，甚至觉得不想回到之前熟悉的空间。现在，我已经可以了解，当时在这个过程中，我碰触到了内在情绪化小孩的感觉——那是一种奇怪而不舒服的感觉，但是过了一段时间之后，我开始感受到这个空间的柔软和脆弱。

恐惧感是我们情绪化小孩的根源

当情绪化小孩接管了我们的意识时，将会带着非常强势驱策的能量，以至于与它保持距离让我们感到有些困难。但是，如果我们能够深入内在去感受这些感觉是多么的强烈，我们就能了解为什么它会是我们生命中一股压倒性的力量。而且，通过这样的了解，也能帮助我们开始和它保持一些距离，同时不去批判自己的反弹、上瘾行为、充满期待和梦幻。在接下来的九章，我会引导读者进入我所发现的情绪化小孩的内在天地。你可以把这个过程想象成一趟旅程，顺流而下，一路走来，而我们会在途中几个重要的驿站驻足停留。

我将从情绪化小孩的内在负面空虚经验，以及从中衍生而来的需求感开始谈起。在阿玛斯（H.A.Almaas）所著的《钻石途径》第一册（*Diamond Heart Series I*）中，有个章节为“黑洞理论”（*The Theory of Holes*）。在这个精湛的章节里，他提供了非常宝贵的观点，有助于了解情绪化小孩的心智状态。他描述了当一个人小时候本质的需求没有得到满足时，将会如何在内在形成能量上的黑洞。这些内在黑洞的形成可能有很多不同的原因，有些甚至可能来自前世，然而，孩童时期是我们可以清楚检视这些黑洞是如何形成的一个重要阶段。

> **黑洞是一份内在的空虚感，**
> **它与我们个体存在的某些层面因为缺乏滋养而无法健全发展有关。**

为了试图填补这些黑洞，我们无意识地在日常生活中消耗了许多时间和能量，我们大部分的行为，就是想要让他人来填补我们的黑洞。举例来说，我们在丹麦的团体里的学员班哲明，在休息时间总是觉得必须要和其他人谈天，甚至用手机打电话给在家里的朋友。虽然我们建议学员给自己一些时间保持静默，以配合团体的过程，他却发现，对他而言，安静地和自己待在一起真的很困难。

当团体进行到更深入的阶段，他开始认知到，他这样的行为和自己小时候没有任何可以说话的对象有关。另一个团体中的学员玛丽，则是在每一次的团体分享时总是第一个举手发言，她没有觉知到自己对于注意力和认同有着永不满足的需求；但是当我们深入了解她的故事，她开始能够看到原来自己在小时候从来没有得到注意力，而现在这样的渴望正驱策着她的生活。至于我自己内在最大的黑洞，就是觉得自己所做的总是无法得到认同。我花了极大的能量和好像五百年那么漫长的训练，试着向别人及自己证明我是有能力的。

也许有很多原因导致这些黑洞的存在，而且其中有许多是神秘而无法解释的；但是它们和个人基本发展需求没有得到满足有直接的关系。即使每个人内在真的只有一个黑洞存在，我们仍然会做一些区分来有助于清晰地了解。在成长过程中没有得到适当支持去探索自己的人，内在就会产生缺乏支持的黑洞；那些没有得到认同的人，就会有缺乏认同的黑洞；当我们觉得自己不够好的时候，就会有缺乏价值感的黑洞，因此我们渴求他人的肯定来填补这个黑洞。

我们也可能携带着渴望得到温暖和碰触的黑洞，然后就变得依赖他人来给予我们温暖和碰触；或许我们可能带着缺乏信任的黑洞，所以总是觉得如果敞开自己以及表现出敏感脆弱的一面，将会被他人伤害、控制或操控（利用），这个黑洞创造出一种共依存的状态，就是在渴望亲密的同时，也会无意识地把他人推开。

这些内在黑洞会创造出深度的焦虑，使得我们的生命产生一股无意识不停地想要去填满它的冲动。不论是渴望某个人或某个情境能够填满它，还是因为黑洞而试图避开某些人、事、物，每一个黑洞都以某种方式依赖着外在世界。内在的黑洞会直接影响我们在生活中会吸引什么类型的人，或者制造出怎样的情境。我们内在会有一种驱迫力，让自己去创造出触动内在黑洞的情境，因为这通常是让我们觉知到它们的存在的唯一方法。通过这个方式我们才能有所学习，并且重新发展过去成长过程中所错失的。我们需要这样的挑战才能成长。

不同形态的内在黑洞

1. 觉得自己是人家不要的、遗弃的。
2. 没有感觉到自己是特别的或是受到尊重的。
3. 不信任自己的感觉。
4. 缺乏自发性的动机。
5. 对生存的深度恐惧。
6. 对碰触和亲密的强烈需求。
7. 缺乏学习的动力。
8. 努力想得到爱和注意力。
9. 完美主义及自我批评。
10. 觉得被吞没、控制。

原始基本需求

如果我们对自己的内在黑洞以及它们如何影响着自己的生活缺乏觉知或理解，我们就会理所当然地认为，外在的事物必须要有所改变才能让我们感到快乐，这是情绪化小孩主要的信念之一。当我们完全认同了情绪化小孩时，由于内在的空虚，我们所经验、感受到的自己是如此的匮乏；但那不是真的，那是幻境，它让我们相信生命、存在或他人必须要来填补这些黑洞。所以，人们应该试着对我们好一点，给我们多一些肯定，多一些爱、注意力、空间等；或者，我们会使用一些暂时让自己好过些的东西来填补这些洞，例如毒品、财物或娱乐。我们无法想象，除了以外在的事物来填补这些黑洞之外，还有什么其他的方法能够停止它们所引起的不舒服、痛苦、焦虑和恐惧。但是，以外在事物来填补这些黑洞的努力，终究是徒劳无功的，反而创造出更深的挫败。真正有效的是开始去了解我们的内在黑洞——它们是什么，它们是如何形成的，以及我们可以怎样来满足它们。因此，我们必须来看看什么是所谓的“原始的需求”（essential need）。

当还是小孩的时候，我们每个人都有与生俱来的原始需求。

如果这些原始需求没有得到满足，

我们就会持续地生活在，因需求被剥夺而导致匮乏的状态中。

这样的匮乏是一种内在能量上的黑洞，渴望着被填满。

我们在工作坊里会开玩笑说：如果你想了解受创的内在小孩有多匮乏，就想象你的下丘脑有个张大的嘴巴一直在说着“喂我”。很自然的，每个人因为有着不同的原始需求没有得到满足，因此形成个人独特的匮乏情节。虽然匮乏的程度和类型各有不同，但是事实上，我们都以某种方式一起经历着具有普遍性的匮乏。

而且，很重要的是了解到，无论我们的父母亲是多么的完美，我们仍然会经验到被剥夺的创伤。如果没有回过头来感受并疗愈这些创伤，我们将永远无法真正地长大成熟。再者，因为被剥夺而形成的内在匮乏，导致我们会无意识地把过去没有得到满足的需求投射在爱人、亲密的朋友、工作伙伴或孩子身上——事实上，我们会将它们投射在任何和我们互动的人身上。而且，越是亲密的联结，投射的情况也就越深入。

原始的需求

1. 需要感觉到自己是家人或他人所想要的，需要感觉到自己是特别的，而且被当作一个独特的个体尊重（因为我本然的样子受到尊重，而不是因为我做了什么）。
2. 需要自己的感觉（如恐惧、遗憾、愤怒、痛苦）、想法和直觉受到肯定。
3. 需要在发现探索自己的独特性上受到鼓舞，包括性能量方面、创意天赋、力量、喜悦、资源优势、宁静和孤独。
4. 需要感觉到自己是安全的，而且是受到支持的。
5. 身体需要得到充满关爱的碰触。
6. 学习的意愿需要受到鼓舞和激励。
7. 需要知道犯错是没有关系的，甚至可以从错误中学习。
8. 需要目睹或感受过“爱以及亲密”的真实经验。
9. 需要得到充满鼓励及支持的分离。
10. 需要被给予充满着爱和坚定的界限设定。

上面所列出来的就是我们受到剥夺而导致匮乏感的情况，它始终存在着。当我们和他人相逢时，总是无意识地带着这些未满足的需求。如果缺乏觉知，我们就会自动化地进入情绪化小孩在日常生活中的五个惯性行为模式里。然而，随着觉知的增长，这些行为就会越来越不是那么的自动化。

我是个习惯指责的人，当我觉得不安，我就很自然而自动地寻找可以指责的人。经过二十年的自我内在工作，我开始认知到指责是一条黑暗的道路，它只会带来更多的冲突和痛苦。我内在想要指责的冲动仍然存在着，但是现在我能明白这只是情绪化小孩玩的把戏，有了这样的了解，我就可以重新有所选择。现在，当我觉得不安时，内在已经拥有更多的空间能够观照，并且告诉自己：“你知道吗，孩子，你现在不用进入指责的游戏。”有时候我就不再指责了，有时候我还是会进入指责，但是之后不久，我会看到自己的指责行为，然后停下来。现在，对我而言，这样的过程很少是无意识而无法控制的了。

疗愈来自感受着内在的空洞

当认知到我们是如何机械化地试图以外在的事物来填补内在的黑洞时，我们也就开始了对于内在黑洞的疗愈过程。借由观照和了解的过程，让流动开来的能量可以破除这些自动化的行为，只是纯粹地待在当时被触动的空虚感受中。与这份感受待在一起意味着，就是感觉着它，允许它的存在，而不试着要去矫正或改变什么。换句话说，就是简单地感受着空虚感在身体中的感受，同时观照着伴随出现于脑海中的声音。

最近在瑞典的一个工作坊里，一对夫妻在休息时间之前发生了冲突。男方陷入了恐慌，要求我们其中一个人在午餐时间为他们工作。我告诉他，我们会在整个团体再度聚在一起时马上处理他们的问题。在午餐休息时间里，他非常不安，而且对于我没有马上照顾他的需要感到生气。当团体再度聚在一起时，他表达了他的愤怒以及觉得被背叛的感觉。

这个情况触动了他许多过去被压抑下来的情绪，任何时候只要和太太发生争吵，就会激起他害怕失去她的深度恐慌；他的内在受创小孩，没有空间可以包容、接纳这份焦虑或愤怒。在我们对这个状况做了一些工作，让他对这整个情况多些觉知之后，他开始可以保持一些距离观照自己的反弹行为。在午餐休息时间的等待，最终或许有助于他去感受自己的需求和焦虑，而不是像过去那样一直在恐慌的空间中自动化地反弹。

成长练习：

探索需求与空虚感

1. 检视原始需求清单，问问自己："我内在是否有个和这项原始需求有关的黑洞？"

2. 聚焦于这个特别的黑洞，问自己："这个黑洞是如何影响着我和他人以及生活的互动方式？"

3. 和这个黑洞待在一起，问自己："待在这个黑洞里，我有什么样的感觉？"

4. 探索自己的需求。

（1）当你想到自己的需求时，会出现什么样的想法及有什么感觉？例如："我不觉得自己有资格去要或者拥有需要。""如果我需要这些，就显得自己是软弱的或是太孩子气了。""如果我表现出这些需要，别人将会因此而占我的便宜。""干吗要去感觉或表达这些需要，反正我永远也得不到。"

（2）写下你内在关于拥有以及表达需求的信念。

（3）关于拥有和表达自己的需要，你小时候曾经接收到哪些语言及非语言的信息？例如："男人不应该拥有或者表达自己的需要。""拥有自己的需求是自私的行为。""在这个世界上还有很多重要的事，比你自己的需求更值得被关心。"

第10章 恐惧

克莉丝汀是我的一个挪威朋友，非常怕水。她完全不知道为什么自己会这样，但是只要想到要接近海洋，她就会感到非常害怕，这可以说是挪威的异类。另一个朋友南达，是一个很有天分的音乐家，但是每次上台表演时，他都会受到严重的舞台恐惧症的威胁。安泽司是个瑞士的工程师，他参加了很多次我们的工作坊，在市政府担任非常重要的职务，但是即使只是很小的事情，他也很害怕和任何人有所争执或是直面任何人。

大部分的人都有类似无法解释且没来由的恐惧。我曾经重复地做一个梦，梦到快要考试了，但是我一点准备都没有；还有另外一个重复出现的梦，我拼命地找寻阿曼娜，但是一直没办法找到她。当我探索内在受创孩童的空间时，发现了自己内在各种很深的恐惧。而且，似乎随着年龄的增长以及敏感度的增加，这些恐惧的感觉变得越来越强烈。我怀疑这些恐惧其实一直都存在着，只是过去我把它掩饰得那么好，所以一直无法清楚地认知或感受到它的存在。

恐惧感是深沉、非理性和充满奥秘的

恐惧感是情绪化小孩的另一个主要特质。一旦了解了我们的内在小孩一直携带着那么多的恐惧，我们就比较能够理解为什么内在这个部分是如此具有影响力。从较高的觉知层面来看，我们能够了解大部分的恐惧只不过是幻象，或是来自过去的经验，同时知道我们的生活是在整个存在慈悲的庇佑之下。我知道，恐惧通常是过往制约与创伤所创造出来的；也知道，大部分时候，并没有真正让我们害怕的事情发生。我也曾经好几次经验过，内在深处知道并没有什么好害怕的，然而，恐惧仍然时常在生活中的不同情况下，毫无缘由地出现。

一旦我不再冲动地避开我的恐惧，我很惊讶地发现内心的恐惧竟然是如此的强烈，同时留意到总是有一股长期的恐惧暗流在我的身体里。唯有恐惧早已存在着，它才会因为现在生活中的压力、批评或挫败而扩大。我想，我们许多人内在都有着深沉的恐惧，只是被我们用各式的补偿机制掩盖压抑了下来。有时候，我们感觉到的恐惧会是一种局促不安、焦虑或恐慌。然而，很多时候，我们不是直接经验到恐惧，而是感受到身体的紧绷或干扰，像是呼吸急促，暴躁，不耐烦，消化不良，胃痛，等等。冻结的恐惧（惊吓）也会导致麻痹、性障碍、口吃、无法说话、困惑、遗忘以及其他的身体症状。从我个人多年的助人工作经验中，我了解到在我们的冲动行为、疾病、沮丧和不耐烦下面，隐藏着许多我们尚未意识到的恐惧。

过往创伤的恐惧留存于神经系统中

除了面临有立即的危险所产生的恐惧之外，其他的恐惧事实上都来自过去，它来自仍然留存于我们内在受创小孩以及神经系统中的过去经验和制约。它是负面的经验、创伤，以及父母、老师、社会文化带给我们的恐惧的烙印。现在，蛰伏于我们神经系统的过往恐惧，可能受到唤醒早期创伤的现在生活事件的触动，而这个过程通常是无意识发生的。

借由不带批判地深入观照自己的恐惧，我开始明了大部分的时候，这些恐惧和当下的事实并不相干。通常，我可以辨识出哪些恐惧来自我的父母或他们其中之一，以及它们是如何在不知不觉中渗透到我的思想中。举例来说，我的父母亲成长于大恐慌时期，因此，在我小的时候，总是需要面临对于金钱和生存的恐惧，即使我们当时并不真的缺钱。只是很多时候，我们很少觉察到触动事件与原始创伤之间的关联 。

承认恐惧是接受恐惧的开始

我们接受恐惧的第一步，是承认它的存在。小时候，我爸爸常讲一个故事。这是关于一个很害怕“Kreplach”的小男孩的故事，“Kreplach”是一种犹太饺子。有一天，他妈妈想让他明白“Kreplach”没什么好怕的。她把他带到厨房要他坐好，揉了一小团面团后，她问他会不会觉得害怕。

他回答：“不会！”

她切出一个小方块，然后问：“有没有什么可怕的？”

他回答：“一点也不！”

她取了一点肉馅放在小方块的中央，问：“有什么可怕的吗？”

他回答：“不会，当然不会!”

然后，她把一个角折向中央，又问：“你会害怕吗?”

他回答：“不会！”

她又折了另一个角，“觉得害怕吗?”

“一点也不！”

她折了第三个角，“会怕吗?”

“不！”

当她把最后一个角折起来时，他尖叫："啊！啊！啊! Kreplach!"

这就是通常恐惧会发生的情况，就跟这位小男孩看见三角馄饨一样。

恐惧的产生是有原因的

学习接受恐惧的第二步是了解到绝对有充分的理由让恐惧产生，即使我们不知道是什么原因。内在小孩的恐惧来自许多不同的原因。首先，对于一个敏感的存在而言，要在这个充满压力、压抑、竞争、道貌岸然的西方社会中成长，而不会产生许多深沉的恐惧是不可能的；还有出生的过程本身，以及大部分人出生时的方式所导致的身体创伤，更是造成恐惧的根源，而我们在小时候所经历的数不清的创伤，可以说只是雪上加霜而已。另外，对我们自然的敏感度而言，任何严苛或侵犯，即使只是最细微的，都会让我们受到惊吓。最后，面对生命的无常，基本上我们是感到无助的，也因此对于生活在这个世界上总是存着一份纯然的不安全感。

> 无论我们的父母亲是多么的完美，我们都不可能避开儿童时期的创伤。
>
> 疗愈的产生，不是来自责备或抱怨伤害我们的人、事、物，而是通过了解去感受它们的影响。

如果想象自己是一个小孩，同时想象一个小孩正在遭受这些经历，我们就可以开始感受到创伤的影响。借由再度经历这样的过程，我发展了对自己的慈悲。它让我更人性化，也让我不再对过往自己的经历感到遗憾或悔恨。事实上，经由过往创伤经验的复原过程，可以让我们更强壮、人性化、慈悲、充满活力！

两种基本的恐惧

我们有很多很多的恐惧，但是主要可以区分为两种最基本的恐惧。其中一种是害怕无法生存，另一种是害怕得不到爱。所有其他的恐惧都出自这两者。当开始更深入地检视我们的恐惧和行为时，发现我们大部分的生活都是以各种不同的方式，受到这两种恐惧的影响。我们的文化并没有教导我们如何妥善地面对恐惧，相反的，我学习到的是否定它以及克服它，同时努力地呈现出一个形象，让他人以及自己相信自己是没有恐惧的，甚至为自己的恐惧感到羞愧。

记得我生命中的两个事件，很清楚地呈现出我对恐惧的负面态度。第一个事件是在大学的时候，我的一位室友自杀未遂。去医院看他时，我无法了解为什么他会做出这么愚蠢的事情，也无法理解他当时的恐惧与痛苦。第二个事件发生在稍后数年间，我参加了为期一个月的攀岩训练，中途，我因误踏了一步而几乎死在绳索上。我回想起当时我对自己说："去他的，高山，我会征服你的！"后来我才了解到，我是多么不可救药地与自己的内在感受失去了联结。我使用意志力来带领自己穿越生命，却失去了对生命真相的经历。

如果我们无法友善地接受自己的恐惧，我们也就无法和自己内在的敏感维持良好的关系；而且，如果我们没有以流动的方式来处理自己的恐惧，我们就永远无法学会以健康的方式来联结自己的力量。我们以为具有力量就是要无所惧，而不是自然地接受恐惧。也因为这些关于恐惧的负向制约，让我们对于自己的敏感和脆弱感到羞愧，而无法去珍惜欣赏这些特质的美。因此，我们的力量变成侵略性的，而不是来自内在中心的自发性流动。

通常，压抑或是避开内在的恐惧是徒劳无益的，因为它会以出其不意的方式出现在我们的生活中。当我参加大学联考时，我是那么的紧张，以至于没办法看清楚试卷上的题目。当我们压抑了内在的敏感面，它就会以令人惊愕的方式无预期地出现，或是投射在情人身上。我也曾经这样做过。我的初恋是个很多愁善感的女孩，她花了很多年做心理治疗，只是为了要找到能够让自己一天一天活下去的力量和信心，因为生活对她而言简直就是持续不断的挑战。因为我认为战胜恐惧最好的方法就是去克服它，所以无法了解为什么她会有那样的困难，甚至一直认为她是沉溺于自己的恐惧中。

当我们强悍的一面批判内在敏感面的恐惧时，
内在的敏感面就会隐藏起来，或者，以暗中破坏的方式来报复，
于是，造成了一场内在的战争。

在更深的层面，我们可能会害怕如果自己接受了恐惧的存在，恐惧将会占据我们的生活。然而，我的恐惧并没有因为我对它们的探索，而如我预期般地越来越强烈。事实上，刚好相反。

感受身体里的恐惧

学习接受恐惧的第三步，是开始认知到当它出现时，我们的心智状态与身体的感受。当我们变得焦躁不安或速度加快时，那通常是我们被情绪化小孩所接管了的征兆。当恐惧占据了当下，我们可

能会变得暴力、过度反应、过度激动、速度加快、焦虑、恐慌。我们会发抖、心跳加速、胸口紧缩、呼吸短浅、手掌出汗、困惑、冻结、麻木或麻痹，甚至开始对任何发生的事感到困扰。当类似拒绝、批评、挑剔、失望或失败触动了我们的恐惧时，我们的脑海里就会开始不自主地想象可怕情景的发生。慈悲地观照恐惧，意味着以带着爱与理解的心，来观察当下头脑与身体的现象。

成长练习：

一、探索恐惧

1. 写下或觉知你对于下列情况的深沉恐惧：

（1）当你要靠近另一个人时。

（2）当你要表达自己的创意时。

（3）你在经济上得不到保障时。

问问自己，过去自己被灌输了什么样的想法，以什么样的方式导致了这些恐惧？过去的创伤经验，以什么方式造成了这些恐惧？

2. 使用你不惯用的手（想象就好像是你的情绪化小孩在说话）写下你在害怕些什么？

3. 你对于自己有这些恐惧感觉如何？你会批判它们吗？如果会，你的批判是什么？

4. 你曾接收到什么样的信息（包括语言或非语言的）来处理恐惧？忽视或淡化它们？克服它们？不要感觉到它们？沉溺于它们？

5. 在你的内在是否有分裂的感觉，一边是催促和批判，另一边则是恐惧？用一个画面，描述出这个分裂。你如何处理这样的分裂？

二、有助于体验恐惧的简易静心

当留意到恐惧的浮现，让自己轻轻地闭上眼睛。借由留意与感觉呼吸的进出，允许自己慢慢地沉淀下来。你甚至可以数着呼吸，直到20。

然后，注意你是如何在身体层面体验着恐惧？留意呼吸的品质，是短浅的，还是深沉的？留意你的胸口，感觉起来是紧绷的，还是放松的？留意你的太阳神经丛与腹部，是紧绷的，还是放松的？

现在，留意有哪些与恐惧有关的特定思绪出现（我们称之为恐惧的思绪），当留意到每一个思绪的出现，有意识地放弃它，观照着它的消融，就如同白云般地消失。

现在，回到你的呼吸、胸口、腹部，留意是否有任何变化产生。

第11章 感染同化

几年前，我参加了一个很强烈的治疗工作坊，它的焦点在于卸除孩童时代的制约。在那次团体经验中的一个重大发现是，我很多的恐惧其实是属于我母亲的恐惧。在知识层面上，我一直明白这一点，但是从来没有那么活生生地体验过。我和她之间一直有着非常紧密的联结，因此我不知不觉地通过她的眼睛来看世界。在我们的工作中，我们把这种承接原始照顾者的感觉和思考模式的现象，称为“感染”。

感染，是指我们的能量受到负面影响的现象。

那是我们在不知不觉中接收进来的所有压抑的信念和恐惧，

以及我们从原始照顾者身上呼吸进来的负面期待与受限制的感觉。

小时候，我们是无助的接受者，只能照单全收所有原始照顾者和成长环境里的恐惧和负向能量，这就是我们所谓的“感染同化”现象；因为它以我们没有意识到的方式渗透到我们的思绪里，甚至扩散影响到我们的能量、自尊、创造力、性能量、聪明才智——简单地说，就是我们生命的各个层面。

感染现象阐释了我们的负面模式

感染同化的现象有助于阐释一大部分内在情绪化小孩的经历，否则我们很难理解为什么自己内在会有那么深的恐惧、羞愧、压抑和自我怀疑。对于感染同化现象的了解，有助于我们厘清自己是如何重复着双亲或其中一方的生活方式和模式。当然，我们所接受到的感染同化的内涵并非全是负面的；我们也有很多的正向特质，是以某些奥妙的方式来自世代的传承。

如果去探索自己某种特别的恐惧或行为模式，我们常常可以将它追溯到自己原始照顾者之一的恐惧或行为。我们在现在生活中表达恐惧的方式，常常会映照出我们的父母或其中一方表达恐惧的方式。而且，我们对其他人或对生命的否定和批判的态度，通常也会反映出父母亲类似的态度。我们对于金钱、性、成就和玩乐的态度，也可以追溯到过去的制约，以及我们从父母、师长、宗教人士或其他成长过程中的重要人物那里学习来的信念。在开始探索内在小孩的世界之前，我们可能从未想过这些信念或许并不适合自己。事实上，我们受到感染同化的来源是非常深远的，不仅仅来自幼年的原始照顾者，它同时存在于我们呼吸进来的每一口气息中。这些压抑、消极的信念、防御、比较和压力，是如此深植于我们的文化中，所以，我们根本无法避开它。

感染塑造了我们的自我认同

另一个了解感染同化现象的方式，就是把自己看成是一个由固定模子做出来的模型，而这个模子的雏形就是所有灌输到我们身上的想法、压抑、信念和行为模式。因此，我们就顺理成章地成为别人想要我们成为的样子，而它也理所当然地变成现在我们对于自己的想法和感觉。我们的所作所为，就像是自动化地在演出别人为我们所写的剧本。我们对于自己的所有想法，都来自这个经由感染同化过程而形成的模型，根本无法想象自己还可以有任何不同的思考方式或行为。我们打从心里，只能认定自己就是这样的一个人。

几年前，我和阿曼娜在两个工作坊空当的一个晚上，和一位朋友相聚。他是佛罗伦萨郊区一栋豪宅的管家；房子的主人是住在欧洲的一个美国家庭，当时正好去旅行。这个家庭的男主人是个忙碌的高层主管，很少待在家里；女主人则大部分的时间和两个孩子住在偌大的房子里，常常向我的朋友抱怨自己对于这样的状况有多么的愤怒。在他们房间的墙上挂的是罗马教皇给予他们祝福的结婚证书。我明白了这整个状况，一段完全无意识的婚姻，一个生活在一起的家庭，彼此之间却没有任何真正的爱或是联结，这是他们早期家庭的感染同化现象所导致的可以预测的结果。他们双方都来自严谨虔诚的宗教家庭，他们的父母也是这样无意识而没有联结地生活在一起；他们似乎正无意识地复制着父母的生活方式。

探索自己的感染同化状态需要极大的勇气，更别说要摆脱它了。我们可能终其一生都深信内在和外在的批判声音是真实不虚的，甚至相信自己的本然样子就是不够好的。这些感染同化的现象发生在这么早期的时候，而且是那么的深刻，导致我们从来就不知道自己还有别的可能性。我们一直认为来自感染同化所形成的自己，就是我们真实的自己。它是我们最深沉的认同。

我们的工作坊遍及世界各地，部分学员持续在工作坊中深入自我成长。几年来，观察着他们的进步状况，让我们有机会看到他们生命的变化。像是土耳其或中国台湾，光是来参加工作坊这个行动，对他们而言，就已经是深具生命蜕变的意义了。然而，不管来自哪里或哪种制约，许多学员发现他们的生命有了重大的转变，像是放弃不再适合自己的工作，结束或改变关系，尤其是与原生家庭的关系，以及开始将生命的真实存在看得比外在成就更加重要。但是，作这些改变需要时间、毅力和耐心，因为我们内在敏感脆弱的空间，对于打破过去被教导的模式感到非常恐惧。对内在情绪化小孩而言，那表示可能因此而被遗弃、处罚，甚至是永久地毁灭。因为对内在小孩而言，依附于这些信念和行为模式就是生命的一切，让他得以生存下来，并且拥有归属感；而脱离它们，意味着自己即将是孤立而无法生存的。

充满奥秘的同化现象

有时候，我们甚至搞不清楚自己为什么会有某些行为。原因可能隐藏在家族的秘密里，或是我们倾向于被难以理解的现象感染同化。举例来说，一个酒精成瘾者的儿子或女儿，在备感压力的情况下很容易进入上瘾行为；如果某人的父母是虔诚的教徒而充满严厉的批判和压抑，他可能也会有类似的刻板和严谨；至于忧郁症患者的儿子或女儿，会发现自己容易受困于对于疾病的恐惧；有自杀念头的父母，他们的孩子可能也会有同样的倾向；以此类推。有时候，这些行为模式和倾向甚至可以回溯到祖父母或是其他亲戚。或是，孩子可能会无意识地呈现出被隐藏起来的家族秘密，而只有在秘密被揭露时，这个人才会对自己的行为模式和信念恍然大悟。

从感染同化中复原

当我们越是深入地探索自己的感染同化，就能越细微地发现自己的观念、行为及能量，曾经受到过多少的感染同化。我们必须检视自己的每一个信念和观念，辨识哪些是真正属于自己的，而哪些来自感染同化。这包括一步一步探索自己对于性、感觉、力量、狂野、责任、灵性、关系、婚姻、学习、照顾自己的身体、饮食、金钱和工作的态度。当我们能够带着质疑的态度开始去检视这所有的事物时，我们就可以慢慢地为自己“消毒”，从感染同化的状态中走出来。如果我们的腹部感觉到“对劲”，那些就是属于自己的；如果不是，那就是来自感染同化。然而，刚开始时可能腹部无法感受到任何“对劲”的感觉。以我个人的经验，我们需要一些时间来发展这样的觉知。

对我而言，有很大帮助的是一再地回到源头检视，哪些是属于我自己的，而哪些不是。当我拜访我的家族成员时，更是我重新检视自己被感染同化的机会。首先，在我觉得自己够强壮之前，我必须长时间地和他们保持距离。大约在三十年前，我从医学院退学的时候，是我试图挣脱制约的开始。就某个程度而言，那是我生命中所跨出的最重大而勇敢的一步，因为那时候的我看到自己的人生并不是掌握在自己的手里。

于是，我开始了自我追寻的旅程，而这段旅程到现在还在持续着。但是，从那一天起，我生命里的优先级开始起了变化，不再是以有所成就为主，而是内在的真实。最后，我还是回到医学院完成学业，并且当上家庭医学和精神科的住院医师，但是情况已经和以前完全不一样了。我已经走下了过去那班生命列车，而且绝不会再回头。

走出感染同化现象的过程，就像是屠龙一般。
我们的制约就像是一只会喷火的怪兽，
用它的火焰威胁禁止我们逾规越矩。

内在的情绪化小孩没有勇气和这条怪龙对抗，但是我们内在的另一个空间却具有这样的勇气。因为我们内在的寻道者是杰森（Jason，希腊神话中的英雄），是我们存在的赫拉克勒斯（Hercules，希腊神话中的大力士）。我会在后面的章节谈论这一个部分。然而，不论我们内在的寻道者有多么强壮，如果我们想和自己内在的敏感保持联结，我们就必须和内在小孩的恐惧保持联结。

根据我个人的经验，如果我们自我追寻的意图是诚挚的，那些不属于我们自己的信念和行为模式就会慢慢地消失；即使心存恐惧，我们内在的生命力仍然会逐渐地自然展现。慢慢觉知自己过去受到多么深沉的制约，受到多么强烈的消极负面生命态度和行为模式的影响，这是一份很细致的自我内在工作；因为我们很容易就会迷失在愤怒、怨恨和抱怨里。事实上，我们需要去感觉制约如何封闭了自己的能量和感觉，而不是要我们心怀怨恨。根据我自己的经验，我们需要经历一段时间的狂风暴雨期，允许自己去感觉对于养育者的愤怒和怨恨。但是在那之后，我们会来到一个转折点，感觉自己可以放下这一切，并且敬重我们的父母以及给予我们爱、天赋以及美好特质的根源。

成长练习：

探索感染同化

1. 检视你对于以下领域的信念与行为模式，并把它们写下来，例如权力、灵性、个体性、感觉、金钱、性、给予、关系与婚姻、责任与自由、家庭、饮食与身体、工作与放松。

2. 现在，问你自己：

（1）这个信念和行为是如何产生的？来自哪里？

（2）我的父母有这样的看法吗？

（3）检视这个信念和你成长过程中阶级、宗教、文化的关系？

（4）如果我不听从这些信念，或者不以我认为应该的方式去行事，会发生什么情况？

第12章 羞愧和罪恶感

内在情绪化小孩的另一个主要感觉就是羞愧和罪恶感。羞愧是一种总是感到自己不够好的内在感觉，我相信每个人都有各自不同的方式来描述这样的内在感受。然而，不论是以什么方式来描述，那都是一种不舒服的感觉。

当我被自己的羞愧感淹没了的时候，我感觉不到自己；当下我不只是对自己没有任何正向的感觉，而是完全感觉不到自己。我的能量收缩了，每件事对我来说似乎都要耗费很大的努力与精力，更无法想象自己有能力可以去完成任何一件事，或者是有任何人可能会来爱我或尊重我。如果某人问我："你现在感觉如何？"感觉起来会是这个人在说些我根本就听不懂的语言。

更糟的是，我开始会去做一些事来强化自己的这些感觉，我可能会说一些很蠢的话，犯各种错，到处搞得一团糟，然后什么事也没完成，或是草草地了事，甚至可能恍惚地走来走去。然后，我又会因为自己行事拖拖拉拉而感到罪恶，结果又深深地陷入了这个无底黑洞里。从这样的空间，会看到世界上的每个人都非常成功，只有自己是个彻底的失败者。当处于这样的空间时，我无法想象还有什么别的可能性，我彻头彻尾地相信自己就是这副德行，而且生命就是这样，永远不会有任何改变。

在撰写这个章节的某天，我坐在亚利桑那住处附近的一家沙龙等着要剪头发。当时，一个女人刚做完头发，我刚好看到她从椅子上站起来，付完钱走出去。她很快地在镜子前停下来，看了自己一眼，然后走了，好让别人不会注意到她。事实上，她是个很迷人的女人，但是她身体的紧绷以及走路的样子，让我感觉到她并不认为自己是迷人的。

如果在我们面前摆一面镜子，当我们看着镜中的自己时，通常第一个浮现的感觉是羞愧感。所以不可避免的，我们总是可以找到自己有什么不对劲而需要改善的地方。还记得最近一次觉得被排除在外，或是觉得自己并不归属于某个地方的经验吗？或是最近一次受到拒绝，或者搞砸某件重要的事情？或是和某个你景仰的人在一起时，说了不得体的话？或是和某个你尊敬的人在一起，却感觉不到自己？这些片刻都触动了我们内在的羞愧感。当被羞愧感淹没时，我们会觉得自己的状态就是不对劲。我们可能会在受到所谓的“羞愧感的袭击”时，真实地感受到羞愧的感觉。然而事实上，羞愧感一直都存在着。甚至对某些人而言，早就已经被自己内在的羞愧感击垮了。

羞愧的声音

某些来自内在的声音强化了我们的羞愧感，这些声音不断地评价我们的行为，为我们打分数，而且不断地提醒我们自己是有缺陷的，必须要努力让自己变得更好，有所成就，成为赢家，要成功，我们把它称为“严苛的内在法官”，我在下一个章节会更详细地来谈论它。如果我们内在没有羞愧感，严苛的内在法官就无法存在；因为羞愧感让我们觉得严苛的内在法官所说的全部都是真的。

> 羞愧感最具杀伤力的部分，就是它切断了我们对自己的感觉。
>
> 它切断了我们和自己的中心的联结，让我们感觉不到归于内在中心的感受。

对大部分的人而言，由于长久以来一直深受羞愧感的蒙蔽，
以至于从来无法体会回归内在的家的感受；
我们完全认同了内在的羞愧感。

最近，我参加了为期三年的疗愈创伤训练团体，每年有三次四天的工作坊。由于我忙着到处带领团体，所以我必须加入在不同地方举办、由不同的老师带领、成员也不一样的工作坊。我留意到自己的不安全感，尤其是刚开始时。因为无法把自己隐藏在我所熟悉的带领者角色中，我可以感觉到自己的笨拙，躲在新生的角落里。午餐时间，我很想要归属于其中的一群人和他们一起用餐，然而羞愧感却让我无法开口表达。终于，我克服了自己的自傲，同时冒险表达，他们也敞开接受了我。了解当时我正在经历的是对新成员而言很正常的羞愧感，对我有很大的帮助。我允许自己感受它，而且借由询问其他的人我是否可以加入他们，来为当时的羞愧冒险做一些事。到了第三天，我感受到了归属感，羞愧感也消失了。

“赢家”或“输家”同样是羞愧的化身

每个人都有羞愧感，只是我们每个人各自发展出不同方式来面对它。对某些人而言，是明显地感觉到羞愧，所以常常会深深地感受到自己内在的不足，这些人深深地认同于自己是个“失败者”。另一些人则是依据自己当时的情况，在感觉自己没有价值和自满之间摆荡着，成功让他们觉得自己高高在上，失败则让他们立刻跌入谷底。凭着当时外界给我们的回应，我们在自卑和优越、“赢家”和“输家”之间来回摆荡着，我自己就是这样的情况。

还有一些人以自己的功成名就来弥补自己的羞愧感，把别人都

看成是“输家”，觉得只有自己才是“赢家”。然而，由于这些人是那么努力地掩饰内在的羞愧感，所以可能需要经由一些巨大的伤痛事件，像是失败、被拒绝、疾病、意外或精疲力竭，来让他深入地看到隐藏于自己面具之下的内在羞愧感。

过去，我一直带着这样的信念，认为当没有价值或是失败的想法和感觉出现时，不要陷入这些感觉里，反而要更努力地去做些什么。我的羞愧感一直都存在着，但是我以为陷入这些感觉就是软弱无能或怠惰的表现。更糟的是，我以为只要进入了羞愧感中，我就会摆脱不了它，所以，我认为让自己去感觉到羞愧感基本上是一点好处也没有。但是，现在我已经明白，如果不踏上疗愈羞愧创伤的旅程，我们将永远找不到真实的自己。无论我们是因为羞愧而垮下来放弃自己，还是以补偿的方式来掩饰它，我们的内在事实上还是被羞愧感所驱策着。

在真实自我探索的旅程中，我们必须以某些方式来联结内在这份深刻的感觉，它一直在说着“我不够好，我是个失败者，所以我必须把自己的瑕疵藏起来，不然其他的人就会知道真正的我是什么德行”。这个过程是自我探索旅程中重要的一环，因为它让我们逐渐地感觉起来更像个人。当我又习惯性地以一些补偿的方式来掩饰羞愧时，我开始可以感觉到自己正与自己越来越遥远。即使我用尽全力要去克服，但总是会有一股挥之不去的恐惧潜伏于内在；所以除非我们去面对潜藏于羞愧感下面的恐惧和不安全感，否则这将会是一场永无止境的内在挣扎，我们也会一直受到它的困扰。

羞愧创伤的恶性循环

我们许多自动化的反应都源自羞愧感。带着对羞愧感的认同，我们无法信任自己，而且觉得需要其他人的认同、爱和注意力，因此我们变成了讨好者、苦行者、拯救者——任何能够让我们用来掩饰羞愧所带来的空虚感的角色和行为。我曾经认为自己的价值都来自自己的表现，如果没有了那些成就，我就什么也不是。女人通常会把自己的价值建立在能够给予，或是充满着爱之上。男人则把自我价值建立在自己的成就表现上。而这些都来自羞愧的自我形象。

我们的羞愧创伤，让我们陷入了羞愧的幻境里。从这个幻境往外看，我们看到的是一个充满危险、竞争，只有斗争而没有爱的世界，同时相信唯有不断地斗争、竞争、比较，我们才能生存下去。最后，在羞愧的幻境中，我们相信别人都是比较好、更值得被爱、比较成功、能干、聪明、更吸引人、更有力量、更敏感、更有灵性、更健康、更有勇气、更觉知的，等等。当然，每个人都会把自己内在各种不同“更怎么样”的组合，投射在不同的人身上。更糟的是，羞愧感也深深地影响了他人与我们的互动；因为羞愧幻境散发出来的信息基本上是：“我是不值得被爱或被尊重的，所以你可以拒绝我、欺负我，或是随时以任何方式来占我的便宜。”

由于对自己感到羞愧，我们会去找其他的人来印证自己的羞愧自我形象，而让自己活在妥协之中，并且以妥协的方式来和他人联结。当我们太习惯于妥协，而把自己当作是一个随时都准备好要妥协的人，羞愧的自我形象也因此而被强化，变得更根深蒂固。这样的行为会招致别人对我们的拒绝，也让我们觉得更没有尊严。由于这样一个残破的自我形象，内在会逐渐累积紧绷感，使得我们更容易进入上瘾或是做出冲动的行为，而这一切又再度加深了我们的羞愧感。

羞愧创伤的恶性循环

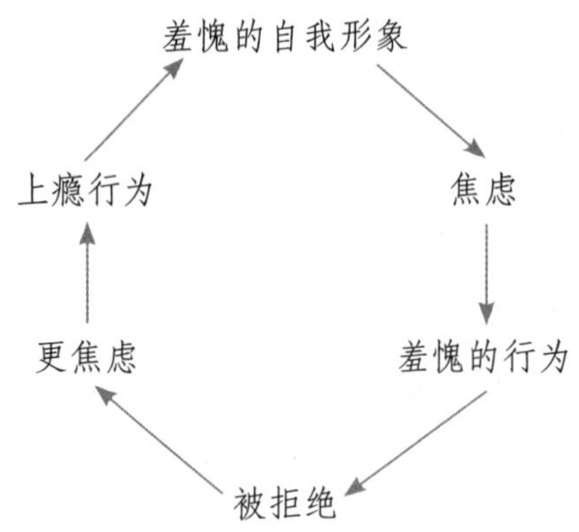

羞愧感广泛地影响着我们生活的各个层面，当然，我们会在生活的某些层面比较强烈地观察到它的出现，而在有些层面则比较少。某些人因为过去的经历，可能导致在联结自己的身体、性能量、创造力、勇气、自我表达的能力、为人父母的能力以及深入自己的感觉和敏感度上，有很深的羞愧和不安全感。这样的羞愧感会影响我们与他人的互动，甚至让我们完全不想敞开自己。我们可能会觉得它像是内在很深的伤疤，永远无法痊愈。由于内在的羞愧感，我们总是会觉得自己做错了什么，而感受到永无止境的罪恶感。

在某个层面，大部分我们所信以为真的羞愧自我形象，似乎常常会演变成真。羞愧的内在声音似乎经常受到生活经验的印证：我们觉得自己不值得被爱，然后就真的受到拒绝；觉得自己是个懦夫，就会看到自己在面对挑战时的退缩；觉得自己很胖，体重就真的会过重；觉得自己没有什么可以给予的，就会经历被批判和挑剔。一切都和事实那么吻合，我们如何能够挣脱得了呢？我们要如何才能够识破羞愧的假象与谎言呢？

脱离羞愧的幻境

以下所描述的是疗愈羞愧创伤的几个简单步骤：

1. 感觉与探索羞愧感。

羞愧并非我们对自己的真实经验，然而如果不深入体验它，我们就无法超越它。真实地允许它，而不自动化地借由分心和补偿行为来避开它，是很不容易的。羞愧是一种不舒服的感觉，它让我们觉得沉重、迟钝、昏昏欲睡和沮丧。它就像是一条厚重的毯子沉甸甸地掩盖住了我们生命的能量，同时让我们和自己失去联结。在羞愧中，我们不信任甚至不知道自己的感觉、想法、需要、直觉，或是任何想说的话。我们的脑海里充满了所谓的“羞愧的声音”——来自严厉的内在法官的声音，这些声音不断地谴责、批评着我们自己以及我们身边所有的人、事、物，我们因此而被对自己和对别人的不信任感淹没，也使得这个世界变成了一个充满敌意和黑暗的地方。在这样的状态中，更让我们难以分享、表露自己的羞愧，因为我们只想用尽各种方法来隐藏或避开它，甚至害怕人们会为了我们的羞愧更歧视我们。

然而，经由对它的了解，知道它从何而来，我们开始能够去深入经验它，探索它，就好像是在感受分享着我们内在受创的一部分。当它出现时，借由在内心深处感受它，观照它，探索它，我们启动了炼金术般的疗愈过程，它也就逐渐得到疗愈，同时带给我们生命的深度与敏感度。

2. 认出引发羞愧感的触动事件。

如果开始认知到我们内在有羞愧的感觉，而且在羞愧感出现时能给予自己空间去感觉它，我们就可以开始学着去辨识引发羞愧感的触动事件。有时候它们是显而易见的，有时候是很细微的；它可能来自遭到拒绝，也可能只是因为某个人对我们说话或是看我们的方式，也可能是某个状况让我们觉得自己很卑微或是受到羞辱。每个人的触动事件，都和自己早期原始的羞愧故事有很大的关联。

3. 探索羞愧感的来源。

当我们开始明白自己的羞愧是如何发生的，我们就能为自己感到深深的慈悲；我们开始了解自己并没有什么错，那份自己总是不够好的感觉来自内在的羞愧感。当一个孩子的自发性、对自己的爱和活生生的能量被阻断，原始的需求没有得到满足时，内在的羞愧感就产生了。它也可能发生于小时候受到虐待、被谴责、被拿来和别人比较，或是被过度地期待，或是感染了父母或是文化环境里的压抑、恐惧及消极的生活态度。每个人都有自己独特的羞愧经验，极少人能幸免。一般来说，我们的照顾者都是带着善意，以他们认为最有爱心的方式来养育我们；只是他们也有自己的羞愧创伤，同时无意识地把这些羞愧感传递给了我们。

4. 辨识自己的补偿机制和行为。

当我们开始能够辨识自己用来逃避羞愧的方式时，我们就对自己的羞愧有了更深刻的了解。每个人都各自发展出不同的方法来掩饰自己的羞愧感，不去感觉它。但是，基本上所有的补偿行为可分为两大类：我们不是膨胀自己，就是让自己萎缩下来。当自我膨胀的时候，我们会催促自己要做得更好，成为更好的人，要更努力工作，给别人留下更好的印象，完成那个工作，沿着阶梯不断上升，做个不停，等等。我们的自我膨胀，是为了催促自己的能量往上提升，好确定自己不会被羞愧感所淹没。然而，即使是最强悍的自我膨胀者，也会害怕随时出现的羞愧感会把自己淹没了；所以，他们永远无法真的放松下来。退缩者刚好与自我膨胀者相反，他们放弃，然后垮了下来。退缩者不像自我膨胀者那样持续地挣扎奋斗，他们直接弃械投降。有些人在生命非常早期的时候就已经放弃了，因为持续地挣扎奋斗，对他们来说实在是太可怕也太痛苦了。有些人则是在某些方面自我膨胀，在另一些方面则是退缩。

5.与幻境保持距离。

我们大多数人都曾经经验过脱离幻境的片刻，像是置身于大自然，展现创造力，静心，感受到对某人的爱，参与足球类运动，等等。感受到这些片刻的自己，可以帮助我们了解羞愧感只不过是一种幻境而已。它赋予我们不同的理解向度。同时，借由将觉知带入羞愧的不同层面——羞愧是什么样的感觉，它是怎么被触动的，它是如何形成的，以及我们用什么方式来避开自己的羞愧感——我们就可以开始卸除对它的认同。

我们甚至可以对自己说：

> 这是我的羞愧感而已，并非我现在真实的自己，我觉得强壮，有说服力。
>
> 我选择走出幻境，观照并感觉着它。
>
> 我把它抛给宇宙，同时以我自己的生命洞见来持续我的人生。

以前，我根本无法想象自己可以是个有尊严，或是能够归于内在中心的人。但是，现在我却感觉到了。当然，在很多时候，我还是会被羞愧感所吞没，但是，只是短暂的时间而已。有人曾经问我的师父，一个人要如何和自己内在“是的空间”再度联结。他的回答是：这个“是”的感觉是我们的本性。通过学习观照负面的头脑，而不去批判或是尝试做任何改变，这份自然的“是”的本性经验就会自己发生。

6.小小的冒险。

走出羞愧幻境的最后要素是，开始在生活中冒一些小险，来展现自己挑战旧有生活模式的勇气。羞愧感限制了我们，总是以熟悉的方式生活、思考、行动，而且不断地强化羞愧的恶性循环。当我们选择了冒险，我们就打破了负面的恶性循环。这份冒险可以是任何事情，像是当习惯孤立起自己的时候，开始冒险表达，或是做些挑战自己制约的事情，来一趟远离家乡的旅程，交新朋友，开始参与新的活动，等等。

我有一个朋友是奥斯陆的治疗师。在成为治疗师之前，他在一家巧克力工厂做了十一年的经理。当时他非常的辛苦，总是把自己关在办公室里，吃巧克力吃到噎着。我们现在常常开玩笑形容穿越羞愧创伤的过程，就像是“在巧克力工厂生活十一年”。

成长练习：

一、定位出羞愧所在

羞愧可以打击到我们存在的各个层面。在这个练习中，你可以把觉知带到特定领域的羞愧感中。留意或写下在每一个领域里，你所感觉到的羞愧、自卑、不安全感或是不足的感觉。

1. 性能量，如潜力、高潮、兴致、恐惧。

2. 身体和外表，如外形和个子大小、魅力、年龄、穿着。

3. 生存，如赚钱的能力、安全感。

4. 感觉，如是否能感觉到悲伤、敞开、敏感。

5. 力量，如伸张自己，是否能感觉并且表达愤怒，知道并能表达出自己所想要的，或是变得不负责任、懒散、垮下来、被恐惧所主宰。

6. 喜悦，如自发性的能力，或是过于严肃、责任感太重。

7. 创造力，如了解并能表现出自己的天赋。

8. 清晰度，如过自己想要的生活，清楚自己生活中的优先级。

二、对补偿行为的觉知

你过去是如何面对自己的羞愧的，现在又是如何面对的呢？你又是如何面对自己的恐惧的？

1. 对你自己：你会假装那些感觉不存在吗？你会批判自己，让自己垮下来？还是会催促自己快一点，更努力一些？

2. 对其他人：让自己抽离，而躲入自己的世界里？进入争执或攻击？试着去讨好、取悦对方？自我防卫？

3. 找到一些方法让自己分心，比如借由某些药物或是活动？

三、与羞愧感同在

你可以辨识当你被羞愧感所淹没时，是什么样的情况吗？

1. 那是什么样的一种感觉?

2. 当进入了羞愧的幻境，对你而言，世界是什么样子的?

3. 你认为别人会怎么看待你?

4. 你又是怎么看待自己的?

5. 你想从别人那里得到什么?（你越能识别出羞愧的状态，你就越能够对它卸除认同。）

四、保持距离

你可以想到某些真正让你感到高兴的活动吗？或是某些让你感到快乐的情境？对自己描述这些感受（这是你的本质状态）。

第13章 严厉的内在法官

我在奥斯陆的一位叫马斯塔的治疗师朋友，曾经告诉我关于他叔叔的故事。他叔叔是一艘航行于东方的轮船的船长，一个在船上为他工作的印度人每做完一件事总会向他报告："长官，我已经依你的超高标准完成工作了。" 我们永远无法达到自己的"超高标准"，但是我们从未停止努力。

"严厉的内在法官"是造成我们一直深信自己是个惊恐而充满羞愧的人的一个重要因素，它和羞愧感是一体的两面。严苛的内在法官一直在那里确保我们会遵守所有的规则和制约，并且达到每个标准；而只要我们没有达到标准，它就会让我们充满罪恶感和恐惧。这份催迫的能量是以内在声音的方式出现，它可能是语言的信息，也可能只是能量上让我们觉得自己必须不断地做得更多，成为更好的，更努力地尝试，等等。

法官般的严苛批判能量以内在声音的方式呈现，持续地告诉我们自己在各方面都是不足的——不够聪明，不够漂亮，不够灵性，不够敏感，不够臣服，不够勇敢，等等。它不断地告诉我们应该做些什么，不应该做些什么，不停地评价我们的一言一行，总是驱策、批判、挑剔着我们。有时候，我们听不到这份能量以批判的声音呈现出来，然而，我们可以经由感到退缩，局促不安，或是缺乏动力，来认出它的存在。

这些攻击打压可能来自外在，也可能来自我们的头脑。我们的内在小孩曾听到父母、老师、宗教人士或社会文化说着："你应该这样做，你不该那样做，你太过分了，你做得还不够。"我们就把这些声音全部接收进来，然后在内在转化成："我应该这样做，我不该那样做，我那样做太过分了，我真的做得还不够。" 事实上，这些内在法官的告诫、批判和挑剔来自非常早期，或者一直以非常微妙的非语言信息呈现着，以至于我们听到的声音已经不是说着"你……"而是"我……"。通常，我们甚至没有觉知到自己正处于内在法官的淫威之下，而以为人生本来就是这样。或者，我们会认为那就是上帝的旨意；经过多年犹太、基督苛刻训诫的制约，"上帝"已经背负了一些负面的评价。

每个人都以各自不同的方式携带着这股能量，而它呈现出来的方式则包括内在的声音和外在的投射。只要我们听信内在法官的训诫，我们就会持续地吸引他人来强化这些声音，也因此而不断地折磨自己。在这种情况下，我们会觉得被欺负、没有被注意到，而不明白它们其实只不过是我们内在状况所发出来的声音而已。如果我们内在有个严厉的法官，就像许多人一样，我们通常会变得满口仁义道德，充满批判，或是正义凛然。我们的内在法官越是严厉，我们就会越是充满意见，义正词严。

严厉法官呈现的方式

1. 内在的声音与压力、批判、批评的感觉。
2. 对自己严厉的标准、理想、道德要求。
3. 外在的声音（投射于权威、朋友、情人等）。
4. 对他人的批判、评断、批评、正义凛然、道德要求。

情绪化小孩对严厉法官的响应：叛逆或垮下来

认清为了响应内在法官的抨击打压，我们内在会产生一股动能进而转化为行动的机制，对我们有很大的帮助。这股行动机制是，我们不是让自己垮下来，退缩进入羞愧和惊吓中，就是叛逆反抗而陷入争执。在很小的时候，我们就已经发展了这样的运作机制。对某些人而言，由于天性的缘故，大部分的时候会选择垮下来，然后放弃；另一些人则可能会有比较多的反抗。事实上，不论是陷入放弃或叛逆，我们都还是陷于内在法官的淫威之下，它仍然导演着同样的戏码，而我们则像个傀儡般地随之起舞。

在最近的一个工作坊中，有一个学员阿妮塔，几乎每次上课都会迟到。当我们询问她原因时，她说小时候她的妈妈总是不停地催促她，所以她现在做每件事都会迟到。我们告诉她，如果她喜欢，可以继续迟到；但是她也可以试试看，承诺自己会准时到场，然后会有什么样的情况发生。第二天，她开始感觉到内在有一股对于生活中总是不断被催促的暴怒。对她而言，感受到这股巨大的愤怒是很重要的，因为这个过程让她重新拾回可以突破负向压抑力量的内在火焰。在那之前，她只是间接地以慢吞吞和拖延来表达自己的愤怒。

安娜丽莎是同一个团体里的瑞典女孩，她和母亲住在一起，总是处于羞愧和惊吓的状态，她以忘记母亲交代的事情来作为反抗。阿尼塔学习到的是叛逆，而安娜丽莎则选择了放弃。然而在这些行为的背后，是同样的盛怒和无助的感觉，对她们两个而言，让自己感受到这股愤怒是很重要的过程。

碧翠斯是一个三十出头的德国女人，终其一生都在抗争之中，她简直无法想象没有抗争的生活会是什么样子。对她来说，让自己垮下来简直是不可能的事，因为她绝不允许这样的情形发生。而且，因为她是这么强烈地认同于内在的叛逆，所以很难允许自己的脆弱以及对害怕的感受。对于像碧翠斯这样习惯于扮演叛逆角色的人而言，允许自己垮下来是一条通往内在敏感脆弱空间的途径。

然而，对那些强烈认同于自己的羞愧和惊吓而持续垮下来的人，探索内在反叛的能量会是比较有帮助的。让自己进入叛逆的能量需要很大的勇气，因为我们是如此的害怕如果自己不顺从，就会受到处罚或是伤害。通常，当开始接触到自己的叛逆能量时，我们会做出叛逆的行为，接着马上就会被恐惧和罪恶感的侵袭所淹没，只好又逃回到习惯性垮下来的模式中；然后，等到又具足勇气时，让自己再度跨出叛逆的下一步。持续地叛逆，通常是比垮下来更健康的反应，因为那当中具有能量，而能量允许我们成长，突破严厉法官的暴戾。

在自己是受害者或加害者这两种情况中，我们都可以看到内在法官所造成的影响。面对某些人时，我们可能成为严厉的法官；但是在另一些人面前，我们则可能变成被催促、批判的情绪化小孩。

对严厉法官抨击的反弹

严厉的内在法官

“你不够好。”

“你应该做得更好，更努力。”

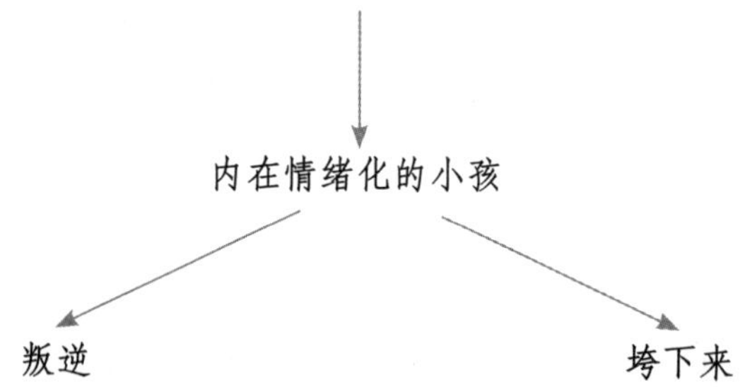

叛逆

“不用你来告诉我该怎么做！”

“你去死吧！”

垮下来

“是的，我应该更努力，做得更好。”

“我应该成为更好的人。”

当我们觉得自己是有力量而重要的，就可能会对别人有许多的虐待、不耐烦、重挫、挑剔及要求，同时也会很自然地对自己施以相同的压力和挑剔。在打网球的过程中，我能清楚地看到这样的运作模式；每当我错失了几球，有个声音就会出现："克里希，要接到那一球！把那一球打过去！动作不要太慢！跑快一点！"等等。在这些片刻，我清楚地知道内在法官就在我的脑海里，而且我可以开始感觉到自己在自我批判的声音中畏缩下来。而且，我必须承认，当我和球技比我差的人对打时，同样的声音则会是针对对方（在我的内在）。

厘定自己的准则

我总是为自己设下永远不可能达到的高标准，而在我开始对此有所觉知之前，我也会把同样的"超高标准"加在别人身上，然后以不断折磨自己的方式去折磨别人。这样的情形现在还持续地发生着，只是现在我能够早一点觉知到它，因为我经常能感受到它所带来的痛楚。当我们让自己或别人受到内在法官的抨击时，那是很深的羞辱，而内在的情绪化小孩也会因为这样的压迫而陷入惊吓状态。

当我们相信内在法官是上帝的声音时，就很难去认清这样的情结其实来自负向的制约。当我开始看清内在法官其实是个骗子时，我非常震惊。相反的，乖乖地接受这些超高标准，把它们看成是真理，认为这就是生命"应该要有的样子"，反而是比较容易的。也就是说，简单地接受内在法官的声音是真理，会带给我们比较多的安全感，我们不需要去质疑任何事。在过去，基本上我就是遵照它的指示过着功成名就的生活。

我建立了非常有效的补偿机制，相信只要遵循它们，就能"搞定” 生活中的一切。就我而言，那意味着做一个用全部心力服务他人的医生，不沉醉于太多的物质享受，努力不懈地奋发向上，培养良好的艺术和音乐素养，不骄傲自大、自私和矫作狂妄，要仁慈又善解人意。如果我遵循这些指示，我就能成为“mensch”，那是犹太语，意思是一个具有深度灵魂而能成为典范的人。谁能对这样的价值观有所异议呢？而真正的问题在于，当我被灌输这样的观念时，是带着这是生存唯一的方式的强烈信息。所以，我们必须学习找到属于自己的标准和价值观。

补偿行为有很多种，像是努力地表现，试图造成别人对自己的好印象，争权夺利，等等。我们学习并且认同于那些让我们觉得自己很好的角色，然后依附于这样的角色扮演，来让自己可以不用感觉潜伏的羞愧感。这所有的补偿行为都是非常无意识而机械化的，它们源自孩童时期，当这个小孩学习应付严苛批判声音的生存机制时。它造成了内在无比的压力，因此，也就不难想象为什么我们很容易就变得精疲力竭、上瘾或沮丧。

我个人很喜欢弗里斯特·卡特（Forest Carter）的一本书，书名是《小树的成长》（*The Education of Little Tree*）。它提出了如何把小孩养育长大，同时能让他发展出属于自己的生活方式。他受到引导、支持甚至是处罚，但是以带着很多的爱与宽容的方式，所以小树的成长环境应该是充满着爱以及信任自己的能力与判断的氛围。如果缺乏了这份内在的爱与信任，我们在成长的过程中就会学着以补偿或是妥协的方式，来迎合那些强加在自己身上的标准；我们也因此而学会了听从别人而不信任自己，长大之后就变成了内在法官批判声音的奴隶。

通过对心理学的些许了解，我们可以开始为自己如此受到内在严苛声音的支配而感到慈悲。小时候，我们需要也渴望获得引导。

我们无法在缺乏引导的状况下，独自觅得自己的人生方向。自然的，我们所接受的引导来自周遭的大人们。基于大人们对我们的善意关怀，他们将自己的标准与价值观灌输到我们身上。事实上，如果我们得到的是富有弹性的、自由的标准与价值观，我们也就更能够信任自己的聪明才智。

要发展健康的内在引导声音，也就是我们所谓的“内在指引”，

我们需要的是合乎我们个体性的弹性规范与合理准则，

基于爱的价值观念，坚定而充满着爱的界限，

以及持续的鼓励来学习信任自己。

只有经由探索发展出属于自己特有标准的自信时，苛刻专横的内在法官声音才会逐渐地消失。我们可以有系统地、精细地质疑：我们一直信以为真的规范，是外来的标准，还是属于我们自己的本性。这是一趟持续的旅程，直到我们感觉到内在有足够的力量和自信，能够信任自己；然后，我们才能逐渐地摆脱这样的内在动能。

以下所提出来的是几个简单的步骤，来协助脱离内在严苛法官的支配：

1. 认清内在法官的抨击：辨识出每次受到内在法官抨击的状况，并学习确认引发点——哪些特定的人物及情况、话语和行为会引发它。
2. 感觉这些抨击：在这里，我们学着去感觉这些抨击所带来的冲击——当它出现时，我们的内在有什么感觉，它对我们的能量有什么影响，以及当我们被逼迫、批判时，我们会怎么看

待自己。这基本上指的是去感受自己的羞愧感。

3. 确认这些抨击的根源：这个部分是对内在法官的来源有更多的了解——也就是了解我们的制约如何造就了它。借由当我们感受到抨击，让自己追溯到过去相似的经验，尤其是儿童时期直接或间接的压抑、压迫、比较、批判的负面经验，就能觉察到它是怎么产生的；然后，让自己更清楚那个声音在对自己说些什么。
4. 以“内在引导”来取代“内在严苛法官”：任何时候，当我们感受到攻击时，我们可以选择以“内在引导”的声音，来取代“内在严苛法官”的声音。内在引导带着充满爱与支持的能量，对我们个体的力量与弱点充满慈悲与理解。有时候，它给予我们适时的“禅棒”，让我们从沉睡中苏醒过来，支持我们迎向自己向往的生命，或是提醒我们过着符合自己内心深处渴望的生活。

成长练习：

1. 觉知你觉得自己很糟糕的时候，留意是什么样的事件引发你这样的感觉。

（1）什么样特定的人物会引发你内在法官的苛责，尤其是在他们做了什么的时候？你是不是苛刻地拿自己和他们比较？你感觉到什么样的批判或挑剔？

（2）什么特定的情况会引发你内在法官的苛责？是在你感到有压力的时候，还是被过度期待的时候？你会觉得喘不过气或受到威胁吗？

（3）这些挑剔、抱怨或批判，是来自外在还是来自你的内在？

（4）受到内在法官的责难时，你有什么样的感觉？留意当你受到内在法官责难时，身体会伴随有什么样的感觉。

（5）当你的内在小孩觉得受到责难时，这些责难的声音在说些什么？

2. 当你留意到自己受到内在法官的苛责时，会联结上什么小时候特殊的记忆？

（1）你会想起过去什么样相似的情节？

（2）过去，谁曾经逼迫、批判你——父母、师长，还有什么其他的人？

（3）在当时，你接收到了什么语言或非语言的信息？

（4）在这样的批判下，你开始认为自己是什么样的一个人？

3. 当你受到打压时，你会如何回应？留意自己是在什么时候，以什么样的方式垮了下来。留意自己是在什么时候，进入了什么样的补偿行为中。

4. 画一张图代表你的内在法官，另一张代表你受到打压的受创内在小孩。在两张图的下面，写下各自想对对方说的话，问问自己，两者所说的是不是都是真的。当你观察这两者时，留意有些时候你可能完全认同了其中之一，认为内在法官所说的和所感觉到的全都是对的，你完全被它的打压所淹没。而有些时候，你可以和它保持距离，就像是第三者一般观照这一切。

5. 现在画一张图代表你的“内在引导”，写下这股能量正在向你表达些什么。

第14章　惊吓

读高中的时候，我曾是校垒球队的一员。在练习的时候，我是个很棒的外场手，也是很优秀的击球手。然而，在季赛的时候，我几乎每一次都失误，在击球的时候，也会错失对我来说轻而易举的球。相同的情况也发生在与其他学校的比赛中，压力越大，我也就越容易失去自己，就好像内在的某个部分突然停止了运作；而我对于这样的情况简直是束手无策。很久之后，我才惊讶地发现，原来我当时经验到的是惊吓。

惊吓是情绪化小孩内在世界的另一个重要里程碑。它来自内在感受到深刻的恐惧，使得我们和自己失去了联结，而且甚至是无法感觉、思考、移动或说话。在生活中只要有一点点的压力、侵犯或伤痛，惊吓的感觉就可能会无预警地突然出现。因为它们触动了潜意识中的早期创伤，导致我们突然之间失去了运作机能。事实上，惊吓的能量足以丧失我们在生活各层面正常运作的能力。

惊吓来自创伤，而且通常是重复性的创伤。彼得·李维（Peter Levine）在他的著作《唤醒内在的老虎》（*Waking the Tiger*）中，对于惊吓的动能做了深入的探讨。他提到了解惊吓最好的方法，就是想象一只小动物被掠食者困在角落，没地方可躲，没地方可逃，也无法反击，因为它还太小。

小时候，我们就像是这只小动物一样。我们的神经系统是用来准备进入攻击或是逃跑的反应，然而，当我们陷入困境时，却无法做出这两种反应，所以它就冻结了，身体的能量系统也因此而封闭。小时候，当经验到任何形式的创伤时，我们就被困住了。而这些创伤经验却以某些方式，一再地发生在我们身上，导致潜伏于内在的深层冻结状态，随时可能受到外界情境的引动，这就是惊吓的创伤。即使我们在能量层面让自己抽离了那个受威胁的情境（心理学上称为分裂或游离），但是身体层面仍然陷入了惊吓，同时把这个痛苦的记忆储存在潜意识里。

有时候，这些重复的创伤发生在非常年幼的时候，也许它们是如此的细微，所以我们甚至没有意识到它们的发生。一个天真、敞开、细致而敏感的婴儿或幼童，感觉得到周围环境发生的所有事情，即使是轻微的暴力，能量上的侵犯，或是细微的紧绷，及身边其他人无意识的行为，都会对他造成创伤。我们诞生在这样一个压抑而崇尚竞争的社会，很自然地会受到惊吓。

如果我们细想自己是如何出生的，接受过什么样的碰触，父母亲彼此之间是怎么相处的，他们各自又过着怎样的生活，以及我们在学校所目睹的一切，我们或许就会开始了解自己所受到的数不尽的创伤。再加上小时候所受到的虐待、压力、挑剔和侵犯，我们就可以开始勾勒出自己受到惊吓的画面。

在现今的生活中，当我们经历与幼年创伤相似的事件时，惊吓就发生了。有学员曾与我们分享过一个有趣的小故事，这是说明惊吓如何在日常生活中发生的一个很好的例子。他有个控制欲很强的太太，除了生活上的种种规定外，她特别禁止他在他们的高级轿车内吃东西，因为她不希望椅垫被弄脏。有一天，当他们行驶于德国乡间时，他买了些樱桃，然后在车子里吃了起来。她开始对他唠叨，他则告诉她绝对没问题，不会弄脏车子，因为他把所有的果核都含在嘴里。到达一定量的时候，他把身体向外倾，把果核吐出窗外。然而，唯一的问题是，他忘记摇下车窗；这就是进入惊吓所发生的状况。我们是如此的惊恐，以至于做出了最蠢的事，说了最蠢

惊吓的触动事件

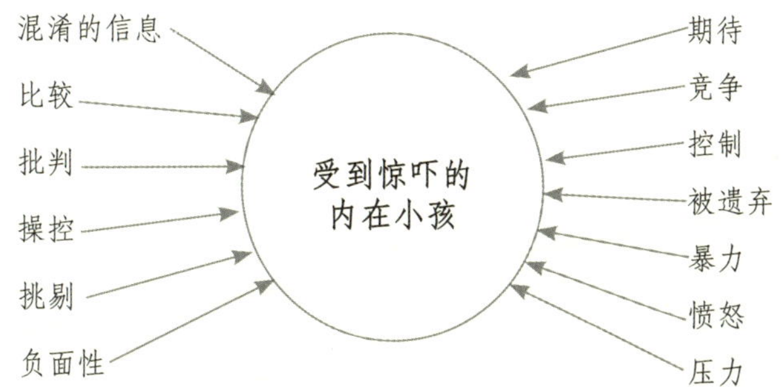

的话。

事实上，有很多情况都会让我们进入惊吓，我们称之为“惊吓的触动事件（导火线）”。惊吓的触动事件可能是任何一种语言或非语言的愤怒或暴力，压力、挑剔或批判；它也有可能来自感觉到被控制、被支配或过高的期望，或是紧张和负面的气氛，或者是混淆的信息，甚至只是上述任何情况有可能出现的威胁就足以造成惊吓。有时候，甚至只是轻轻一瞥，或是某人跟我们说话的方式或是不跟我们说话的方式，或是某人说话的语调，都足以引发我们的惊吓。惊吓所显现的症状，则可能每个人都不太一样。

在惊吓中，我们可能冒冷汗，心悸，极度地坐立难安，或者困惑。有些人可能长期处于某些惊吓的状态中，这些状态可能是恐惧症、恐慌症、长期的心神不宁、学习障碍或是某些慢性疾病。我们也可能会试着以出神或陷入幻境，来避开惊吓的感觉，但是惊吓的经验却仍然持续地存在于身体里。我有个才华横溢的好朋友，他的笔迹却像五岁的小孩，当他对惊吓创伤有一些了解之后，他才明白为什么自己童年大部分时间都有阅读障碍。

如同羞愧感一般，我们也可能在生活的不同层面出现惊吓的状态。惊吓使得我们在性、感觉、愤怒和创造力上功能失常。很难理解惊吓为什么会出现在生活的这些重要层面。我们可以借由从自己或他人身上所感受到的批判来辨识羞愧的创伤，然而惊吓却通常像谜一般深奥难解。我始终弄不清楚我的惊吓是如何产生的，它有可能来自潜意识深处的创伤记忆。有些人可能会在做爱的时候，忽然发现自己出神了，或是发现身体忽然没反应了。有些人可能难以感受到自己的情绪，但是又找不到原因。愤怒与当面的对质，或是以某种方式展现自己，都可能造成我们内在极大的恐慌。

惊吓可能发生的主要层面

1. 性方面的问题：无法解释的恐惧，做爱时的焦虑、早泄、性无能、无法达到高潮、性器官的疼痛。
2. 对于对质、愤怒、处罚、挑剔的恐惧。
3. 自我表达和创造力上的障碍。
4. 感觉冻结，或是缺乏喜悦与热情。
5. 孤立自己，对亲密与社会行为感到恐惧。
6. 难以冒险，对新环境与新情境感到恐慌。

过去，我一直认为只有极严重明显的创伤才会导致机能障碍和惊吓。然而，事实并非如此。有些在我们看来只是很微小的事件，对内在情绪化的小孩而言，却足以造成内在的创伤和惊吓，像是受到控制或是支配时。它们能引发像性虐待及身体虐待同样深沉而明显的惊吓创伤。这样的了解对我而言很重要，因为它让我开始对自己怀有更多的慈悲。而且，在我的工作中，也一直看到这样的现象。

就如同羞愧感一样，我留意到，当我们进入惊吓状态时，我们就完全认同了受到惊吓的内在小孩，这使我们无意识地成为人际关系中或生活中的受害者；因为不知不觉中，我们就把自己看作或当作一个总是会被欺负，而且也活该被欺负的人。这样的认同导致我们会一再地吸引某些人，以我们小时候受虐的类似方式来欺负我们。了解这些，有助于我们明白为什么自己会一直重复相同的受创经验。

事实上，当惊吓被触动时，我们什么也不用做，只需要看到它，感觉着它，以及接受它的存在。通常，我们会批判自己的惊吓，因为恐惧感与麻痹状态，并没有被归纳于我们可以表现的“高尚行为”的清单中。所以，当我们处于惊吓状态的时候，马上就会觉得自己很羞愧，那种感觉就好像是，品尝着惊吓和羞愧混合的鸡尾酒，使得我们的惊吓状态更糟糕。事实上，我们所能跨出的最勇敢而且最重要的一步，就是给予自己空间，允许恐惧和惊吓的感觉在那里。

在我们的工作中，当我们借由活动来引导学员，深入联结他们的惊吓经验时，学员经常会反映说：“在活动中，我一点感觉也没有。”或是：“似乎什么事都没有发生。”针对这些问题，我们总是会给予类似的说明。基本上，“我一点感觉也没有”以及“似乎什么事都没有发生”，就是惊吓的本质。然而，如果我们可以与当下真实发生的一切待在一起，我们就可以开始觉察到身体的僵化状态，也就是我们的感觉与身体的冻结。

试图以各种方式催促自己摆脱惊吓，只会让情况更糟糕。就如同面对羞愧创伤，我发现只是去了解惊吓——它有什么样的感觉，什么情景触动了它，它是怎么发生的——就足以让我们与它保持距离，然后观照着它。这样的了解让我慢慢能不带批判地与它待在一起，然后渐渐开始记得当我的内在情绪化小孩进入惊吓状态时，知道那并不是全部的我。

成长练习：

探索惊吓的创伤是一项精细的工作，通常需要专业的协助。这些练习只是引导你更深入地了解惊吓。

一、惊吓的经验

1. 你会如何描述自己的惊吓经验？身体上有什么样的异样发生？嗜睡？坐立不安？盗汗？困惑？官能障碍？无法感觉？无法言语？

2. 在你生活的哪些方面你容易感觉到惊吓？性方面？感觉方面？愤怒或对质的时候？创造力方面？在这些时候，你是如何感觉到惊吓的？

二、辨识惊吓的触动事件

找出一些你最近的惊吓经验。什么情况让你感到惊吓？压力？愤怒？挑剔？害怕或经验到被单独留下或拒绝？没有得到你想要的注意力？某人失控、歇斯底里、行为不合逻辑或索求？

三、惊吓的来源

有些人非常了解自己在小时候是如何受到惊吓的，但是对某些人而言，受到惊吓的原因却模糊不清。你对于自己小时候曾受到什么样的惊吓有什么印象？什么让你吓坏了，什么让你感到很困扰？（记住，即使极小的事件也可能会吓到一个小孩。）一个现在可能可以帮助你的方式是，想象有某一个小孩生活在你成长的环境中，他会有什么样的感觉？他会觉得安全吗？如果他去感受自己的感觉又会如何呢？还有当他需要表达愤怒或是面对愤怒的时候，是什么样的一种情况？他可以是率直、敞开的吗？他的创造力是不是得到支持？压力对他而言，又会如何呢？

第15章 被遗弃与被剥夺

我的一个朋友曾经有过一段持续七年的亲密关系。在这期间，她常常抱怨自己没有足够的空间，而且她男朋友情绪上的需求也让她很受不了，甚至觉得他没有“在他自己的能量里”，所以无法满足她的需求——特别是在性方面。在这期间，她男朋友还有过一些短暂的外遇，那比较像是他使用来逃避她唠叨的策略。约一年前，她也和别人有了短暂的恋情，而且知道她只是想和他扯平。但是，那似乎是摧毁这段关系的最后一次重击，他们之间的争吵越来越频繁，最后终于分手了。

这次的分手将我的朋友带入了一个很深的内在过程，触及了她前所未有的痛苦和孤寂。现在，当她再回顾这段包括疗伤过程的经历，她充满了感激；因为那个过程揭露了她在生命过程中一直很有技巧在回避的内在创伤。当分手的伤痛渐渐沉静下来后，她感觉到敞开在她面前的，是一个全新的敏感而充满内在觉知的世界。

当我们进入内在被遗弃与被剥夺的世界时，就如同进入了一个小小孩的世界。这个小小孩对爱感到绝望，觉得很孤单、惊恐，没有受到保护，渴望有人能照顾他。这个内在空间充满着极度的恐慌，所以我们通常会花大半辈子的时间来逃避它。然而，当某人离开了我们，或是我们感觉受到孤立而觉得孤单时，这个空间就被打开了。大部分的人，深陷在内在情绪化小孩无意识的状态中，而深信没有人会真的陪伴在我们身边。我们在关系中的行为，会映照出这样一个很深的信念，像是嫉妒，逃避亲密，害怕对方会离我们而去，想从对方身上多得到一些。当我们被孤单地留下来时，内在被遗弃创伤的空间就完全被打开了。

在所有让我们感到孤单、不被爱、不被尊重、被漠视的状况中，轻微被遗弃的创伤便暴露了出来，这就是被剥夺的创伤，是遗弃创伤的另一面貌。这个创伤对于关系的互动造成了深远的影响。被遗弃的恐惧会引起极度的恐慌，因为小时候曾经有无数的经验，让我们觉得自己可能会因此而活不下去；然而，因为我们把它掩饰了起来，所以，我们根本没有意识到这样的经验。结果，在现在的生活中，当有某些事件无意识地让我们记起这样的经验时，我们感受到的就是自己濒临死亡的边缘，整个人陷入恐慌。

> 生命中的失落经验，开启了我们内在遗弃的创伤。
> 被剥夺的创伤是轻微的遗弃创伤经验，
> 任何时候的期待落空，就会引发我们内在的被剥夺创伤。

但是通常，我们并没有联结到内在这份深刻而强烈的恐惧，直到我们穿越过深沉的被遗弃经验。在我和生命中第一个重要的女友分手前，我完全没意识到自己内在有这样一个空间存在着。我大学的最后两年和她在一起，在那之前，我一直快乐地生活着，全心投入在学业和运动上，整个的生活方式使我完全没有意识到深沉的生命层面。

当我们分手时，我非常痛苦，甚至不知道要怎么度过每天的生活。这种情况似乎一点道理也没有，因为我们彼此都知道这段关系该结束了，而且彼此都有各自的路要走。我不知道这些伤痛是从哪里来的，它持续了两年。我那时完全不知道自己触动了早期的原始伤痛，那时候我甚至不知道“原始的”是什么意思。但在那之后，我越来越深入地探索这个创伤。就某种意义而言，接下来的所有重要亲密关系，都带领我更进一步接受自己内在深切的孤寂。

被遗弃与被剥夺创伤来自内在的空洞

这个创伤的形成，来自过去没有接收到当时所需要的滋养的记忆。这样的记忆并非来自特定的单一事件或某些事件，它是内在情绪化小孩拼命想要去填满的一种深沉的负面空虚经验。这份伤痛被深深地隐藏于表象之下，所以如果我们不是带着意识选择拥抱它，我们就会自动而不自觉地进入补偿行为或上瘾行为，来避免感觉这份伤痛；我们会变得冷酷、疏离、反依赖，或是痛苦地依赖。

这两条路我都曾经走过。我曾经和一个受着严重忧郁之苦的女人维持了五年的婚姻，当时我无法了解她为什么就不能“让自己跳脱出忧郁”。我也因为无法为她做任何事而感到无助，因为我还没接触到自己内在和她相似的深度，因此我无法理解她当时的经历。对我而言，不去感觉任何需要、伤痛或恐惧，是比较安全的，我那时正舒适地待在自己反依赖的空间里。

就像常常会发生的情况一样，几年之后，我摆荡到另一个极端，开始和一些对我的需求比我对她们的需求还要少的女人在一起。我品尝到了和之前女友同样的苦头，不再是充满自信可以“搞定一切”，而是开始感受到被拒绝与内在的匮乏。这些就是在我们还没有深入去探索被遗弃的创伤之前，它会在亲密关系中呈现出来的一些方式。我们会以嫉妒的闹剧、避开亲密互动以及对我们的爱人和朋友过度要求和期待等方式将它呈现出来。无论用什么方式，我们都是在掩饰害怕遭到遗弃的强烈恐惧。

我们的补偿行为可能会是强烈的冲动或是上瘾。举例来说，最近有个女人带着一段和某个男人毁灭性关系的故事来找我。即使他持续地拒绝，她还是不断地想要挽回他；他越是拒绝她，她就越努力乞求。我问她，是什么原因让她持续地想挽回。她的回答是，在两周没有他的日子里，她感受到极度的焦虑，甚至不知道该怎么办。她知道那不是爱，但只是再度和他做爱的想法，就足以让她想要去见他。

就大部分的情况来看，两个人相遇，在表面的求爱游戏和能量场之下，是两个饥渴的情绪化小孩，彼此都无意识地期待着对方可以填满自己内在的黑洞。即使是最铁石心肠的反依赖者，内在还是潜伏着情绪化小孩，带着一箩筐未满足的需求和期望。

> 我们过去没有被满足的需求，只是暂时被搁置于觉知的后备厢中，
> 等待着适当的人与时机来启动它们；
> 因为它们不会消失，只是受到压抑与否定。

亲密关系开启了我们内在的遗弃创伤

然而，亲密关系会再度地引发它们，将它们摊上台面。在我们冒险对某人由衷敞开之前，我们可能完全不晓得自己内心是多么的饥渴与充满需求。我们有一个个案，习惯在关系中同时外遇。他觉得那是让一切持续活络的健康方式。当我告诉他，他之所以能这么豪爽，是因为他尚未真正地相爱，他激烈地反对我这个说法。但是，一年后，他深深地爱上一位女性。突然之间，他想要与其他女人做爱的欲望消失殆尽，而且允许自己感受着内在的需求与不安全感。同时，他觉察到自己是多么害怕她会和其他男人约会。

我们的要求和期待会出现在很多方面，像是在性方面，在沟通

上，在两个人共度的时光，在期待被注意和被了解上，在经济的供给上，以及任何我们觉得能填满内在黑洞的方式上。我们之所以会期待和要求，是因为我们感到被剥夺；但是这些期待和要求只会导致更多的被剥夺感，因为当我们有所期待时，我们也就没有办法去接受。

逃避面对内在的空虚会导致关系的困难

既然没有人能满足这样的要求，我们的关系互动就会变得充斥着冲突与挫败。我们会以各种策略去填补内在的黑洞，而不是去感觉那份空虚感。举例来说，我们扮演好爸爸的角色来让某人可以依赖我们，却自以为那是出于关爱。或者，我们扮演体贴的妈妈，事实上我们只是想掩饰自己害怕被遗弃的恐惧。由于害怕被拒绝，我们玩着挑逗和勾引的游戏，却从来不冒险进入深入稳定的关系；我们可能会进入关系，但总是以微妙或是明显的方式为自己留一条后路。

更糟糕的是，我们的期待与需求通常会触礁。一对夫妻最近向我进行咨询。他们吵架的原因是，女方要求男方做出长期的承诺，而男方却担心他会因此而失去自由。她对安全感与承诺的渴望，与他不想受到义务的羁绊有所冲突。过去，他总是放弃自己的需要，而现在，他正学着尊重自己个体性的需要，所以不想把自己捆绑于对将来的承诺上，即使他内心深处已经准备好与她真心相处。然而，缺乏对未来的承诺，让她感受不到安全感。

这样的冲突，强烈地引发了双方各自的遗弃创伤。对他而言，坚持自己的需要引发了担心会失去她的恐惧。对她而言，缺乏对未来的计划，让她感到十分恐慌。幸运的是，他们双方都拥有勇气来面对自己内在的创伤与成长，而不是只停留在妥协（对他而言）或是索求（对她而言）的补偿行为中。

补偿行为是我们用来掩饰被遗弃的恐惧的方式。当某人的表现不符合我们想要的样子——没有在那里陪伴着我们，没有给我们当下所需要的，不了解我们，我们马上就会觉得孤单。即使是别人所做的极小动作，都可能会让我们觉得他没有真的和我们在一起，刹那间，所有过去生死相许的感觉与浓情蜜意顿时消失无踪。由于充满着恐惧，我们会以迅雷不及掩耳的速度进入反弹——争吵，切断，抱怨，攻击，讨好——任何能让我们不舒服的感觉消失的方式。

那份对孤单的恐慌是如此巨大和强烈，迫使我们需要立即反弹；我们陷入一个完全自动化、习惯性而不自觉的行为模式里。更糟的是，我们总是会被以某种方式触动自己内在尚未疗愈的被遗弃和被剥夺创伤的人所吸引。存在似乎是要我们去面对这个创伤。如果有五个可能的人选，其中有四个完全符合我们的期待，我们却总是会选中那个会触动自己被遗弃和被剥夺创伤按钮的人。

生气、暴怒、怨恨，是创伤的部分内涵

被遗弃创伤的黑暗面，则是我们内在因为感觉到被背叛而产生的深沉愤怒。大部分的人都因为无意识地带着早期被父亲或母亲背叛的记忆，而对异性有着强烈的愤怒。但那通常是无意识的，而且只有当我们和某个相爱的人在一起一段时间之后才会出现。虽然在内心深处，我们是想要给予并且接受爱意的，而通常表现出来的却是报复行为。因为当爱人或朋友以各种大大小小的方式让我们感到失望时，我们内在累积的愤怒就会一点一滴地被唤醒。

当我们把无意识的愤怒反应在彼此身上时，对关系并没有多大的帮助。在我们能对自己做些重要的工作前，我们必须承诺不把愤怒丢到对方身上。也就是说，重要的是承诺开始对自己的愤怒和伤痛做一些建设性的工作，而不陷入自动化或无意识的反弹，否则我们只是让自己的能量流失，同时持续地喂养着内在的情绪化小孩而已。根据我的经验，当我们尚未学会有建设性地处理自己的愤怒时，像是在个案或是工作坊中借由活动来释放愤怒，我们将会以各种破坏性的方式来将愤怒发泄到对方身上，甚至重复借着“分享”的名义来彼此攻击和指责。

在对自己被遗弃的创伤尚未深入了解与经验之前，
通常，我们分享的动机是为了要得到认同、爱和注意力，
或是来自责备、指控对方，坚持“自己才是对的”的冲动。

介于触发事件与反弹行为之间的是创伤

我们不自觉地在寻找一个将自己内在愤怒与不信任感合理化的机会，以便进行报复和反弹的举动。当某个事件触动了内在被遗弃的创伤，我们在瞬间就会进入反弹行为，这样的机械化反应是很迅速而强烈的。我们工作的一个方法，就是拉长从被触动到反弹之间的时间，这样当创伤被触动时，我们才有时间和空间去感觉并且和它待在一起。它意味着拉长两个事件（发生）之间的距离，来腾出一些可以去感觉的时间。事实上创伤一直存在着，只是因为我们通常很快就进入了反弹状态，以至于没有时间可以去感受到它。

创伤存在于触动事件和反弹之间

触动事件		**创伤**		**反弹行为**
如被拒绝，失去，落空的期待，被侵犯	→	如恐惧，空虚，无助，无望，痛苦	→	如愤怒，责备，退缩，支配，操纵，控制，上瘾行为，放弃

在我们尚未了解自己被遗弃的创伤之前，是不可能不陷入反弹或上瘾行为的。试着以意志力去停止这些行为，只会导致自己更紧绷以及自我批判，因为我们还是会重蹈覆辙。潜伏于被遗弃创伤背后的恐惧是如此的强大，甚至超越了我们的意志力；然而，当我们开始重视被遗弃的恐慌的深度与强度时，我们就会开始明白自己的关系受到这些力量多么深远的影响。借由这样的了解，逐渐地在我们与不自觉及机械化的反应之间，创造出一些空间。

通过留意生活中每个大大小小被触动的片刻，
我们越来越能够觉知自己被遗弃与被剥夺的创伤。

比较重大的片刻，像是被拒绝、失去或是结束关系，通常会引起我们的重视，因为它们是那么地令人感到伤痛。然而通常我们会迷失在恐惧里，而没有一个观照者在那里观照。我们被吓坏了，而任何失去或是遭到拒绝，又强化了我们内在的不信任感与放弃感。然而当我们开始带着更多的了解去观照时，我们便开始能够明白现在只是创伤被触动了。事实上它一直都存在着，只是现在我们可以借由感受这份伤痛的过程，来让自己变得更强壮。

至于比较细微的片刻，通常会被我们忽略，甚至丝毫没有觉知到被遗弃的创伤已经被触动了。这些片刻像是，因为事情没如我们所愿而感到烦躁或愤怒，期待落空，在爱、注意力、尊重、敏感度或碰触方面感到被剥夺。在这些时候，我们通常是很快地进入反弹（常常因此引发对方的反弹），或是进入上瘾的行为。

某些引发被遗弃创伤的情境

当我们谈论被剥夺和被遗弃的创伤时，三角恋爱关系是需要特别被提出来讨论的。当一个人一脚踏入三角关系，而他的爱人也涉入别人的关系时，那就像是持续地在这个创伤上撒盐巴；那简直就是持续打着被遗弃的点滴，不断地强化着它。但这并不表示我们能够或应该避免这样的情形。有时候基于某些原因，存在让这些情况发生在我们的生命中。我们需要去体验它，所以它就发生了。然而，它也有可能是重演受虐的情境，或是再度强化小时候羞愧与被遗弃的创伤。当爱人无法真心与我们在一起时，我们也可能会经历类似的情境。

有时候，由于过往羞愧与被遗弃的经验，我们会把自己摆在一份完全没有滋养的关系中。如果我们从理性与平衡的角度，来评估自己的关系，结论是缺乏滋养，同时重复着破坏的模式，那也就是关系应该结束的时候了。

玛德琳在工作坊中分享说，她对已经相处十五年的先生感到不满。

“他总是下班一回家，就埋头看电视。我们几乎没有时间在一起，即使有，也只是谈论家庭琐事与小孩。”

我们提出来，“你们准备进行夫妻咨询吗？”

她回答：“是的，我确定。只是他不愿意。他只是说，是我企图控制他。我的确是对他唠叨，但那是因为我很不快乐。”

我们问：“是什么让你们持续待在一起？”

她回答："我一直认为情况会改善。然而，如果我诚实面对，我想我是害怕孤单。"

"你现在似乎正面临一个关键时刻，需要直接对他表达说，你非常需要和他一起面对你们的问题，因为你再也无法忍受这样的状况；同时也要做好关系有可能会结束的准备。"

"是的，我可以感受到这一点。但是，我还没有准备好。"

"那没关系。重要的是，对你将要因此而付出的代价保持觉察。"

面对被遗弃的创伤是通往真爱之路

生命中的失去与失望，是所有人一生中必须穿越的经验。当我们越有能力去观照，我们就越能接受生命中的这些片刻。感觉着这股伤痛，不论它是多么的痛，然后全然地继续自己的生活。如果我们能在创伤被触动的每个片刻，与那份恐惧与惊慌的感受待在一起，它就会被疗愈，同时发展出更多的内在空间来面对每一次新的触动。经由在恐惧或伤痛出现时穿越它们，我们会慢慢变得不再那么容易受到内在情绪化小孩的主导，内在情绪化小孩将越来越不会影响我们如何看待及感觉当下的发生，同时我们的观感也渐渐地不再那么受到过往创伤的污染。

我发现，穿越被遗弃的创伤，是让自己能够创造出爱的生活的基本要素。当然，一方面是觉知到它的存在，另一方面就是去感受它，然后就能大略知道它是如何产生的。同时我也留意到自己对于与某人在一起这回事，有了一些重要了解。其中之一是，对方只能是他们本然的样子，我们不能期待他们改变。另外就是，我们内在的情绪化小孩总会有觉得被剥夺的时候，因为对方总是会有一些我们不喜欢的人格特质，当这个状况发生时，我（我的内在情绪化小孩）可能会觉得很孤单、挫败和失望；同时，在任何一份关系中，总会有些时候，双方觉得自己的需求没有得到满足。最后一点，如果我们对某人由衷地敞开，我们就必须面对随时会在各种情况下失去对方的可能性。

穿越被遗弃创伤的旅程

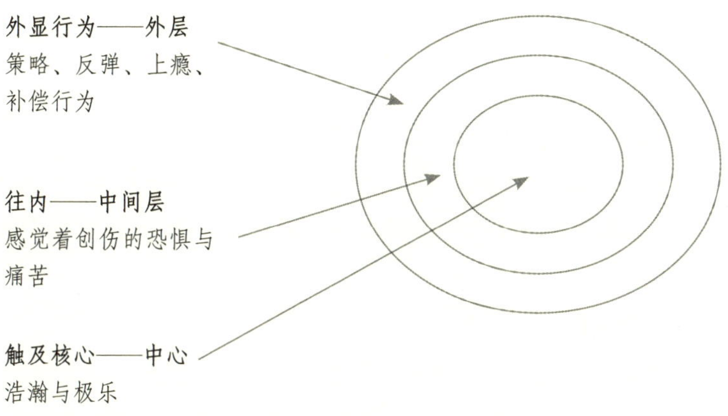

我经常听到我的师父谈及孤单和孤独之间的不同。他向我们说明，孤单是一个黑洞，一个令人害怕的负面空间；然而孤独是我们的本性，他描述这个现象是静心空间的圣母峰。在我探索自己被遗弃的创伤之前，我对他的描述完全无法理解。

现在我明白了被剥夺和空虚的感觉是内在情绪化小孩的感觉和想法，而且可能一直会存在。它可能随时被触动，但是我已经拥有足够正面的孤独经验，来支持我明白那个孤单的感觉终会过去。孤独，就我的经验，可以是极度的喜悦，同时带点苦味的甜美，然而它没有孤单的那种恐慌或绝望感，它只不过是纯粹生活的一部分而已。

成长练习：

一、将觉知带入被剥夺的创伤

回答这个问题，“当……我感觉到被剥夺（受到伤害或愤怒）。”

1. 在亲密关系中，什么特别的行为会让你觉得被背叛或被剥夺，特别是对方做了什么或没做什么，说了什么或没说什么？

2. 在这些情况下你有什么样的期待？

3. 你内在有什么样的信念是和这样的情况有关的？

二、追溯这个创伤的根源

1. 小时候，你是在什么样类似的情况下感觉到被剥夺？觉得没有人为你待在那里？觉得被侵犯？觉得被误解？觉得没有人愿意倾听你？

2. 你学会如何面对被剥夺的经验？你因此在生活上产生了什么样的信念？

三、感觉着创伤

将能量由反弹行为转向与创伤待在一起。下次当你发现被剥夺的创伤被触动时，试着不要让能量进入反弹，而是去感觉内在有什么样的情况发生。

1. 身体有什么样的感觉？

2. 有什么样的想法出现？你在害怕些什么？

3. 你的能量想做什么？

第16章 被吞没

在我们的工作坊里，女人总是比男人多。我猜想，部分原因是女人比较愿意承认，亲密和共依存状态是她们需要去处理的议题。另一个原因是，很多男人都有很深的被吞没的创伤，所以他们对于在不熟悉的环境里表白自己及允许自己表现出脆弱，会格外的小心翼翼。如果内在的情绪化小孩曾经历被吞没的创伤，我们就会对任何人的靠近充满猜忌，因为我们过去对于“爱”的经验，实际上无意识中充满了痛苦与背叛，觉得被占有、压抑和支配。

被吞没与被遗弃这两种创伤就像是双胞胎一样，而且具有同样强度的影响力。有时候，根据每个人小时候情况的不同，有些人会比较容易感受到被控制、被操弄或是被占有的恐惧，胜过担心被孤零零丢下的恐惧。害怕被吞没的恐惧，可能会强烈到足以令我们决定不让任何人靠近自己，即使有时候允许某人靠近，也会不断地担心自己会受到压制或被淹没。伴随着这样的恐惧而出现的情况可能是感觉到很热，不能呼吸，或是表现出幽闭恐惧症。如同我们之前讨论过的任何一个创伤一样，即使是很琐碎甚至看起来似乎很荒谬的原因，也可能会触动被吞没的感觉。一旦这样的感觉被触动，通常会感受到一种压倒性的感觉，让自己想要尽快远远地逃离这份威胁。

被吞没创伤的肇因

有很多心理学上的因素，可能会造成这个严重的创伤。有可能是因为我们的父母非常强势或是具有强烈的控制欲，尤其是我们的异性父母；或者我们曾是父母亲情绪上的替代品，提供父亲或母亲无法从配偶那里得到的爱或滋养；或者为了某些原因，父亲或母亲不想让我们长大，成为一个性感、有力量而独立的人。但是，这个创伤就如同其他的创伤一样，无法单凭追溯过去，就能阐明它所有的来源和影响力。然而，无论是什么样的原因，它都会在我们内在形成一种对“爱”不信任的感觉。

被吞没是一种严重的虐待，因为它摧毁了我们学会主导自己世界的能力；而当缺乏这样的能力时，我们就无法发展出自尊。因此，对一个带着严重被吞没创伤的人而言，他深深相信如果允许另一个人靠近自己，那自己的生命能量、创造力、自由、性能量甚至灵性生活，都会被压抑、摧毁。这样的恐惧导致了强烈的内在冲突。

一方面，我们知道没有爱会活不下去，但是我们又无法信任它。我们会试着去爱，然后又会把它推开——一而再，再而三地。某一部分的我们想要爱，会去诱使它的发生，甚至开始一段深入的亲密关系；然后，当内在带着被吞没创伤的情绪化小孩感觉到一丁点被控制、操弄或占有的迹象时，就会马上反弹。我们的反弹行为经常与事实无关，所以对方会觉得没有被公平对待。他努力想要靠近这个带着被吞没创伤的人，却不断地感受到挫败及失望。通常，把对方推开的人会为自己的行为感到负罪而痛苦，然而，操纵这些行为的力量是如此的强大，所以试图去改变或控制它是没有用的。

如果发现自己有想要把别人推开或是避开亲密关系的模式，绝大部分是因为我们认同了被吞没的创伤。我们或许可以追溯这个恐惧的来源，可能是小时候某个特定的情境所造成的，在那个情况下所接受到的“爱”，夹杂着大量的控制和压抑，带给我们很深的被背叛的感觉。不过，我们能追溯过去的制约到多早的时候，并不是那么的重要；重要的是，只要我们认同了被吞没的创伤，我们就无法主导自己的感觉和行为，因为它们基本上是失控的，无理性的，而且是压倒性的。

重要的是，当我们在现有的关系中感觉到被吞没，
它其实只是冰山的一角。
或许，我们的情人当时做了什么，或是说了什么，
引发了我们受到控制、支配、占有的感觉，
然而，根源事实上要追溯到早期。

如果我们落入陷阱，相信对方是问题的根源，我们将会不断重复同样的悲剧，一再地去靠近某人，然后又理直气壮地把对方推开。或者，有些人会过着孤独的生活，因为他们的内在相信，“爱”最后一定会变成“控制”。

来自创伤的外显行为

在亲密关系中，有比较强烈被吞没创伤的人通常会表现出反依赖的行为。反依赖就是对亲密的恐惧，因为亲密会让他面对自己原始被吞没的创伤，而那曾经是一种很深的对爱的背叛。他不断地在这样的情况中来回摆荡着，为自己的自由与独立而挑战与叛逆。然后，当他觉得罪恶或是渴望爱的时候，又变得讨好而顺从。一段时间之后，当他再度开始感到愤怒和束缚感时，就又摆荡回反抗、叛逆的空间里。这样的摆荡并不会带来意识层面的任何变化，除非我们能觉知、意识到潜伏于这些行为之下的真实状况。

被吞没的创伤

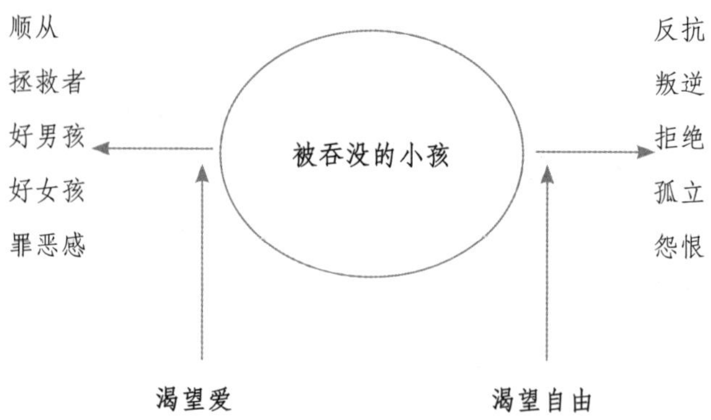

> 事实上，我们所追寻的自由从来不可能借由对某人反弹而发生，因为别人对我们所做的，并不是造成我们被束缚的主要原因。我们的自由是属于自己的，而且随时都可以拥有它。

真正束缚我们的，是我们让自己活在持续对别人的反弹之中，而没有觉知到自己在做什么以及为什么要这么做。我的被吞没创伤跟任何人比都不相上下。记得小时候，我母亲雕塑了一尊大理石像，立在门前。那是一个丰满的女人，怀中抱着一个小男孩，小男孩的头从她的巨大臂弯中往外窥视着。有一次，我问母亲："那个小男孩是谁？"

母亲带着骄傲的母性保护能量回答："哦，那就是你啊！"不用说，我当然无法分享与她相同的对这尊雕像的热情。之后，在一个强烈的个案治疗中，我联结到自己与母亲之间是多么紧密地羁绊着。我在婴儿时期患有黄疸症，几乎丧失生命，我母亲整个星期夜以继日地坐在医院的摇篮边看护着我，希望我能活下来。在那之后，一定发生了某些事情——一份羁绊形成了。在那个个案中，我发现了自己对母亲情结的内在冲突。我一方面感受到她对我的爱与关怀，另一方面又感受到她的过度保护阻碍了我男性能量的发展。

被吞没创伤造成了强烈的内在冲突

当我们对某人由衷敞开时，会带动出失去母爱的恐惧与渴望自由之间的强烈冲突。当开始探索自己为什么那么难去做自己真正想做的事情时，我发现那是因为我需要去面对内在情绪化小孩对于被处罚和被拒绝的恐惧。每当需要违背别人的期待或要求，或是让我所爱的人失望时，我都会面临这样的恐惧。

当认同了带着被吞没创伤的内在情绪化小孩时，我们就会和亲密的人有非常矛盾的情绪联结。我们通常不太清楚自己真正想要的是什么，而当表现出一点点的叛逆时，又会因为觉得自己伤害或背叛了对方而深感罪恶。我们想要爱，也想要自由，然后就在两者之间，无助地迷失了。当想要有自己的空间时，就会觉得内疚；相反的，如果没有得到自己的空间，则会怨恨对方。结果，不管怎么做都不对。因此，认为只有经由反抗某个对我们有所要求及期待的人，才是让我们能回来联结自己需求的唯一方法。

但是，这很容易变成一个没完没了而无意识的自动化反弹模式。借由让自己在窒息的恐惧产生时，待在那个当下去感受着它，甚至把它分享出来，有助于我走出自己自动化的反弹行为。通常，我会反弹或是故意放慢动作，只是为了减轻当下的焦虑和恐惧。通过走出这些自动化的行为，允许自己待在当下对亲密的恐惧里，我重新联结了已受到摧毁的信任感，以及曾经敞开却受了伤而感到悲痛的受创小孩。我也更能体会到，为什么自己内在的脆弱空间需要隐藏起来。

我曾经因为探索这些而感到很伤心，因为我认清由于隐藏于内的不信任感，我曾经如何伤害了别人，也伤害了自己。我看到自己表现出的叛逆和愤恨，如何伤害了那些想接近我的人，我是如何让他们为我在遇见他们之前就存在的创伤负责；也看到过去自己所错失的与伴侣、朋友、家人之间亲密的片刻，甚至在我父亲过世的时候，我也无法完全表达出自己想对他表达的爱意与感激之情。

这是被吞没创伤的痛。
它会在情绪上深深地封闭我们，
使得我们需要很多的信任、耐心和自我接受才能再度敞开。

幸运的是，和阿曼娜在一起的时候，我已经可以以我曾经认为不可能的方式来敞开，并且表白自己。为了要卸除对内在被吞没受创小孩的认同，我们还必须冒险去做自己想做的事情，同时感受着这个过程所触动的恐惧。我平常的习惯是，因为害怕对方不高兴，所以否认自己的渴望。在过去，当我想花点时间和朋友在一起，而不是和我的女人在一起时，或是牺牲与亲密伴侣相处的时间而去做其他的事情时，这样的感觉就会特别强烈。那听起来似乎有些可笑，但是，我真的认为自己没有权利花时间在自己身上，去做一些自己想做的事；这样的罪恶感似乎总是伴随着被吞没的创伤，内心深处我觉得自己背叛了爱人。

冒这样的险是蛮令人害怕的。结果，我会从反弹与叛逆的空间，带着愤怒、怨恨与罪恶感做了自己想做的事，自然而然地，我也因此遭到对方的反弹；然后，我就陷入了“对方不给我任何空间”的幻境里。事实上，我的恐惧才是问题的所在，而不是别人的期待。当我是十分清楚并且具足了力量去冒这个险，而不是出自内在的反弹空间时，一切就会越来越清楚，知道事实上对方的要求、期待和反弹，根本就无关紧要。

一旦我们清楚了这一切，

知道我们有权利拥有自己的空间，同时面对因此而产生的恐惧，

这支彼此反弹较劲的舞蹈也就结束了。

这样的过程有关于我们自己，我们的恐惧，

学习并且重视自己真实的需要与渴望，同时重拾冒险的勇气。

如果我们小时候有过被吞没的经验，就会无意识地把情人当成父母，而对他们产生反弹的倾向。记得几年前，我和阿曼娜在一起之后不久发生的一个小插曲。当时我们在丹麦，也就是她的国家。我在那里通常会有些不安全感——我不会说他们的语言，那是她的家乡，她身边有许多老朋友。有一次，我们停下来加油，她很自然地教我该怎么做。她是一个明确而仔细，但不是特别控制型的人。但是，我还是反弹了：“用不着你来告诉我该怎么做。”在那个片刻，我明白这句话不是针对她的，它来自过去。

每次我们回家，尤其是去拜访父母亲时，就又会面临一次重新经历自己被吞没创伤的静心机会。一旦我们感受到被当成小孩一样看待，或是面对滔滔不绝的忠告和训诫，我们立刻就会退回小孩状态。她无意识地迷失在母亲的角色中，我则陷入了被吞没而抓狂的小男孩的角色里。认清当下现况与过去情景的差别，是卸除对被吞没内在小孩认同的一大步。

最后一点，我觉得很重要而必须要提出来的是，如果我们带着

被吞没的创伤，通常就会带着隐藏而没有表达出来的期待，认为对方应该要敏感、尊重我们，而且善解人意。我们要世界符合自己的理想，而当别人令我们失望时，我们就会觉得生气而义愤填膺。然而，别人是无法完全按照我们的期待去做改变的，他们就是他们自己本然的样子。在某些时候，当我们感觉到别人的不尊重，或是占有欲太强时，我们还是会觉得孤单以及被背叛。所以，为了不去感受这样的一种痛苦，我们通常反而会要求别人或是迫使情况有所改变。当愿意去面对孤单时，我们的视野立刻就会有戏剧性的明显改善，我们会慢慢放下期待。事实上，当感到失望时，通常那很可能表示着，我们仍然没有看到他人或是事件本身的真实面貌。

疗愈被吞没的创伤

1. 每一次当我们感觉到被吞没时，去感觉并重视那份内在的恐惧。
2. 以分享这份恐惧，来取代旧有自动化抽离或是反弹的模式。
3. 厘清过去与当下现况之间的不同。
4. 觉察自己认为别人应该要如我们所愿的期待。
5. 冒险去重视并且尊重自己的需求与能量，即使感受到罪恶感与担心被拒绝和处罚的恐惧。

成长练习：

疗愈被吞没创伤的工作

1. 留意你觉得被某人占有、要求、控制或淹没的片刻。在这些片刻里，你认为人们是如何对待你的呢？把它写下来。如“我觉得这个人（或是人们或生命本身）这么做都是为了自己”。

2. 当你感觉到被吞没、窒息或是被淹没时，会有什么样的感觉，身体上又会出现什么样的感受？觉得热？呼吸困难？惊慌？急着想逃开或是想孤独一个人（一个人躲起来）？

3. 小时候，你曾被以哪些特定的方式要求、占有、控制或淹没？留意这些特定的情况以及特定的人物——如妈妈、爸爸或兄弟姐妹。这些与你观察到的现在的生活情形是不是有什么关联？

4. 选择一个特定的你觉得被过度要求，或是过度期待，或是感到窒息的情况。当你想要要回自己所需要的“空间”时——也就是做你自己想做的事情时，有什么样的恐惧会出现？

5. 你对于让你感到被吞没、不被尊重或是失望的人，有些什么期待？写下来，如“我觉得他应该更……”

6. 如果你放下对对方的这些期望会如何呢？会有什么样的恐惧出现？

第17章 信任感的丧失与愤怒

有个关于禅宗师父的故事是这样的，有个武士去拜访一位禅宗大师，询问天堂和地狱之间的差别。这位师父打量了他一下，然后说，他不想浪费多余的时间在像他那样的呆子身上。这个武士被激怒了，拔出剑威胁这位年长的师父。这位大师阻止了他，然后对他说："先生，这，就是地狱。"这个武士立刻被这位师父的智慧和力量所震惊，于是收起剑向这位师父鞠躬致敬，这位大师便又说："先生，而这，就是天堂。"

不信任感以及由它所引发的愤怒，就是我们这趟深入情绪化小孩内在感觉世界旅程的最后一站。我们的不信任感是我们的地狱，当陷入了不信任感的幻境中时，我们就进入了一个非常黑暗的空间，被消极的信念、认知和期望所禁锢，也因此封闭了我们接受、珍惜爱与美的能力。不去信任也是比较容易的举动，因为不用面对风险。整个世界几乎普遍充斥着人与人之间的不信任，所以，我们很容易经由生活中的情境，来支持、强化内在不信任的信念和观点。相反的，我们需要更大的勇气来冒险去信任。

我记得小时候曾问母亲什么是"上帝"，她对我说，"上帝"只是一种概念而已。我的父母对任何宗教或灵性方面都抱持着反对的态度，我过去一直认为在这方面他们是很聪明的，也让我因此没有受到任何束缚，因为我从未被灌输任何传统或保守的宗教信念或教条。然而，我同时也接收到了对一切抱持怀疑态度或是将一切合理化的氛围，也被教导对任何事抱持怀疑的态度与不信任感才是有智慧的。

因此，我所错失的教导是珍视生命的神秘与不可思议。我之所以会被弗里斯特·卡特的书《小树的成长》感动的原因之一，是小树的祖父母在养育他的过程中，灌输给他深刻而且由衷尊重、信任生命的精神。这份最基本的信任感一直与他同在，即使是经验到身体的虐待、迷失和背叛等创伤。

处于无法信任的熟悉世界中

我们大多数人都生活在不信任的感觉里，最好的证明就是检视自己的不信任感是多么容易在生活中被引发。当某人说了些让我们觉得不被尊重的话语，我们就会觉得被背叛，然后陷入一个熟悉的放弃、孤立、疏离、退缩、愤怒及伤痛的世界里。同样的情况也会发生在人生的逆境中。可能有些时候，我们觉得可以信任；然而内心深处，却隐藏着一份不信任的深沉感觉。因为如果我们的内心拥有真实的信任感，我们会对当下所发生的侵犯或不利于自己的生活事件感到伤痛，但是也很快就可以把它放下。相反的，如果内在缺乏真实的信任，这些伤痛会停滞于内心深处，形成很深的创伤；我们也会因此感觉受到生命与人们的冷落，同时感到深沉的不安全感。事实上，我们与生俱来的天真以及对整体存在的信任早就被摧毁，造成内在的情绪化小孩总是需要通过警戒和怀疑的眼光，来看待外在的世界。

当内在的不信任感在生活中被触动时，浮现的是过去曾经发生，而在当时却无法去感觉与面对的创伤和侵犯。我们会无意识地把每份对于自己尊严与正直的羞辱隐藏于内，形成一个潜伏于内心的怨恨库。我们在现今生活中经历的伤痛，会引发过往的创伤经验。内在的情绪化小孩充满着警戒、防卫以及怀疑，而这些怀疑来自一生中所经历的创伤，以及受到养育者消极或是不信任观念的感染同化。事实上，我们一直认为自己所看到的是事实的真相；所以，我们一直生活在担心自己会再度像过去那样被施以暴力或背叛的状态中。从这个空间，我们期待最糟的事情会发生，同时认为自己永远得不到自己所需要的，永远不会得到了解与尊重，而且会一直受到侵犯。

许多对向我们咨询的夫妻，一直生活在深深的痛苦中。
穿越痛苦的过程需要几个步骤，
第一步是，各自开始明白对方并非自己信任创伤的肇因，而只是触动者。
然后，开始在自己内心深处潜伏的儿童时期的创伤上工作。
一旦双方能够为自己的信任创伤负起这样的责任，
双方就有可能、有能力再度聆听彼此的需求与感受。

我们与他人之间的心桥早已断裂

由于小时候所受到的侵犯与背叛，我们与他人之间的联结早就断裂了。所以在现今的生活中，一旦进入任何一种关系，即使我们仍自以为充满着信任与希望，事实上早已陷入了无法信任的幻境中。很多时候，我们所感觉到的信任，并非真实的信任，而是来自内在情绪化小孩的幻象，以及关系初期的化学反应而已。一旦别人做了任何让我们感受到侵犯或不尊重的事，我们马上就会回到平常的不信任状态中，甚至再度确定自己对别人的敞开和信任，根本就是错误的。从这个不信任的内在空间，以内在小孩不信任的眼光来看待世界，我们总是认为别人才是问题的所在。只要别人够敏感，或是更能和我们在一起，我们就能够敞开。以这样的观点，我们百分之百地相信，我们能否信任，取决于别人能否以我们所期待的方式来与我们互动。

在最近的一个个案里，一位女士告诉我她刚刚和男朋友分手，因为她觉得他“对她不够体贴”。当我们回溯她过去的几段关系，很明显的，就某种程度而言，没有人能达到她的期望。我邀请她站到她前男友的位置一会儿，然后感觉一下他对于和她之间的关系有什么感觉，她的泪水马上流了下来。当站在前男友的位置上时，她谈到他对她有许多的爱，但是因为达不到她的标准而感到非常无助。慢慢地她开始明白，自己是借由期望来让自己觉得安全。它筑起了一道自己与他人之间的屏障，以保护自己免于感觉到内在的脆弱。

下面让我们更明确地来了解，不信任感如何驱策着内在情绪化小孩的心智状态。

1. 我们原始的信任在过去被摧毁了，造成我们对于生命与他人的不信任感，导致我们无意识地退缩在自己的世界里。
2. 在现今的生活中，我们无法以信任的眼光来看待这个世界，我们的眼界已经被过去受侵犯与背叛经验的云雾所蒙蔽。在深沉的心理层面，我们期待这些经验再度上演。
3. 然而，我们仍然渴望着爱。而且，内心的某个深处也明白，持续把自己封闭在安全、防卫而孤立的世界是不健康的，于是我们试着对某人敞开。
4. 但是，内在未被探索的创伤，导致我们重演过去被侵犯与被背叛的戏码。由于内在不信任的创伤，我们敞开自己时总是会带着隐藏的期待；因此，我们并非真正的敞开，而是在内在准备了一张清单要对方来达成，期望别人不再侵犯或背叛自己。

5. 当对方还符合我们的理想时，我们会有一段美好的时光。然而，只要一感觉到被侵犯或背叛，我们马上就会退回到自己安全、孤立的世界中，再度印证自己无法信任的信念。结果我们又回到了原点。

丧失信任的创伤

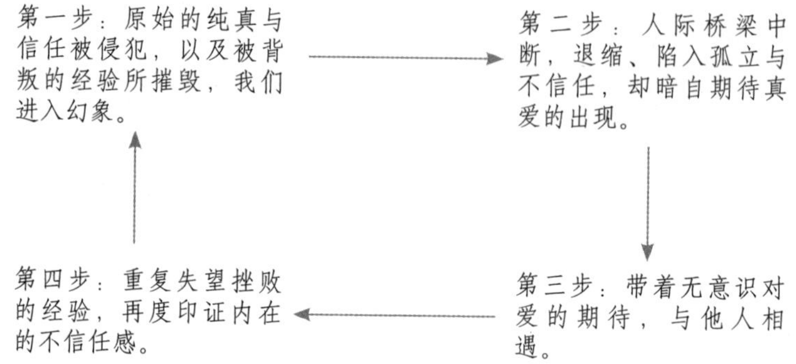

走出无法信任的创伤

我们要如何走出无法信任的幻境呢？如同其他羞愧、被遗弃、惊吓或被吞没的幻境一样，第一步就是觉知到自己身处于来自过往创伤的幻境里。

> 让我们可以学习分辨导火线与伤痛真正源头的机会，
> 会一再地出现于现在的生活中；
> 即使芝麻小事，都有可能引爆我们内在整个不信任的世界。

然而，如果我们能将更多的觉知带入这些片刻，

便能开始厘清当下的发生与过去的经验，而不再怪罪伤痛的触动事件。

第二步是，了解造成自己不信任感的历史背景。为什么生活中的某些情况，会导致我们那么强烈的反弹？为什么这些情况会出现得那么频繁？答案就在造成我们不信任感的过往生活背景中。这些历史背景会不断地自行重演，也就是说，人们将会以类似我们过去被背叛与侵犯的方式来触动我们。所以，经由了解早期这一切是怎么发生的，就能把亮光带入现在的实际生活中。关键在于，把我们的能量和力量从引发的事件带开，转而留意到源头并且感觉着这些伤痛。它意味着了解自己被侵犯和背叛的故事，那是内在情绪化小孩的源头；当能够这么做时，我们就能慢慢地减少对当下人、事、物的反弹。

第三步是，建立信心，感觉有能力尊重自己的需求与感觉，同时在需要的时候适度地设下界限。逐渐地，我们就能够在感受到不被尊重与侵犯时，减少对当下人、事、物的反弹，同时拥有力量照料自己。

成长练习：

疗愈信任创伤的工作

1. 如果你能把不信任的感觉化为言语，你会怎么说？允许自己表达内在所有不信任的声音，当你觉知到它们时，花一些时间把它们写下来。这些就是你对于他人以及生命的信念。

2. 这些信念如何影响着你的生活方式，尤其是你的亲密关系以及你平常和他人互动的关系？

3. 过去的哪些经验造成你这些不信任的信念？你被侵犯和被背叛的经验如何导致这些信念的产生？

4. 浏览不信任行为列表，然后检视哪些和你相符。这些行为如何让你逃避深层内在不信任的创伤？

5. 你现在的生活中，通常什么情况会触动你的不信任创伤？检视生活中周遭的人引发你的不信任感的特别事件。

6. 选择三个在生活中和你亲近的人。从你内在受创小孩的空间看着他们，写下你看到了什么。接着，闭上眼睛想象你从内在静心的空间看着他们，写下你所看到的。两者有什么差别？当你只是以他们本然的样子来看待他们而没有任何期待时，有什么样的变化吗？

第四部

重拾主导生命的能力

第18章 突破旧有模式

在我们最近的一个工作坊中，一位男学员迈克尔提到他刚和女友分手，同时也正从被相处了十三年的太太抛弃的创伤中复原。我问他对这样的事情发生在自己身上有怎样的看法，他说他了解自己对女人的依赖，所以总是像个乞丐般和女人相处；最后，亲近他的女人总是会厌倦于扮演他的母亲的角色。

他说："我了解自己的模式，而且也深入感受了早期受到母亲遗弃时的伤痛，但是情况并没有因此而有所改善。"在更深入的探索之后，我们可以清晰地看到，每当迈克尔亲近女人时，他总是深深地认同了自己在关系互动中的小孩角色。的确，他敏锐地觉察到了自己的模式，同时也探索体验了早期原始创伤的伤痛。然而，因为他无意识的认同，所以模式依旧没有改变。

我问他："迈克尔，让我们暂时先把小时候的创伤摆在一边，告诉我，当你和你的前妻琳达相处时，你有什么感觉？你如何看待自己？你认为你是谁？"

"我觉得自己常常像是个小孩。"

"你可以说说是什么让你有这样的感觉吗？"

"首先，她赚的钱比较多，但我不认为那是真正的原因。她比我强壮，比较有自信心。每当我们争吵时，她总是赢，因为最后我总是认为她是对的。同时，我也觉得她并没有真的和我在一起，她似乎总是有比我们相处还要重要的事情。"

我们持续探索他的羞愧自我形象，那是来自孩童时期，他的母亲无法真正陪伴他。同时也探索在和琳达的关系中，他用什么方式在避开对孤单的恐惧，以及整体而言，如何让自己在生活中更具力量。

我们形容这个情况是“羞愧与遗弃同时现身”，换句话说，也就是我们受伤的自我主宰了我们在关系中的互动。

在我自己的成长过程中，我看到了自己对受创的自我形象的认同，是如何为自己带来了无止境的痛苦。小时候，我总是会拿自己与哥哥做比较，所以无意识地形成了认为自己是自卑的、是个失败者的自我形象。这样的自我形象一直困扰着我，尤其是在工作及创造力的展现上，我总是需要克服极度的不安全感；同时也感觉到自己在和比较强壮的男人的关系中，总是无意识地重演了和哥哥之间的创伤。最后，我终于看到这一个羞愧的小弟弟的形象并不是本然的我，而只是一个我所认同的角色，因为我孩提时代的经验是如此支持这个角色的形成。现在，我的羞愧感仍然存在，有时候我也仍然会陷入来自羞愧感的旧有模式中，但是它再也不像以前那样驱策我的生活。我的内在已经有所变化，虽然我无法准确地描述它是如何产生的，或是为什么会有这样的变化，但我知道，这份变化是逐渐产生的。

盲目地随着脚本上演

事实上，是我们对情绪化小孩的认同造成了自己重复性的行为模式；而破除这些模式的第一步，就是察觉到自己的认同。这种状况就好像自己是一出戏中的人物，盲目地上演着别人给的脚本；只要我们对自己无意识上演的脚本（认同）缺乏觉知，戏剧就会持续地老调重弹。当我们曾经受过伤害，就会在内在创造出一个认为自己是带着缺陷的自我认同。

小孩总是会认为一切发生在自己身上的事情，都是自己应得的；当受到虐待或羞辱时，他会相信都是因为自己不好，所以这些事情才会发生在自己身上。这样的认同在内在设定了创伤将会重复发生的预期，这就是所谓的负面预期。它同时也导致了我们认为生命本身就是如此的信念，它们是我们的负面信念。最后，就创造出了根深蒂固的行为模式，像是退缩、对抗、防卫、讨好、上瘾行为，而这些是小孩的心智状态所发展出来面对创伤的方式，它们变成了我们自动化的负面行为。

一位女学员与我们分享说，她的两性关系总是让她感受到性虐待。

她说："我觉得男人是在利用我，以他们喜欢的方式做爱而不顾虑我的感受。"

我们问："当时你感觉如何呢？"

她回答："我总是顺从他们，然后觉得恶心，最后决定结束关系。"

我们可以看到这些负向的预期、信念、行为，如何形成了自己经常陷入的模式。在这位女学员的案例中，她的模式是她需要满足男人的性欲，却无法同时表达自己的需要。我们的负面期待、信念与行为，呈现出许多不同的形式。

1. 我们会执意地认为不会有人在身边陪伴着自己，我们永远也得不到自己所需要以及想要的爱，也永远没有办法信赖任何人；同时负面地预期着自己将永远得不到想要的爱，因此把自己孤立起来。
2. 在内心深处，我们觉得自己是不值得被爱的，同时期待自己会再度遭到拒绝或羞辱。因为在我们深沉的潜意识层面中，所记忆的就是这些负向的经验，所以我们会一直等待着它的再度发生。

3. 我们认为敞开是危险的；同时，期待人们会虐待或不尊重我们，也因此会吸引这些情况的再度上演。
4. 我们认为人们是自私的，只会利用我们，因此我们真的会吸引一些人只是占我们的便宜。

我们的许多模式受到我们对爱所抱持的观感的影响。而我们对爱所抱持的观感来自早期儿童时代的角色模型，它是以我们所看到的父母亲的互动状态以及自己曾经是如何被对待的为基础的；而在往后的生活中，我们所感受到的吸引力就是根源于自己内在所抱持的对爱的观感。如果它包含了虐待的成分，我们就会被这种情境所吸引；如果它主要是需求受到剥夺的匮乏，我们也就会被这种情境所吸引。最后，由于所受到的创伤，我们发展培养出许多的行为，好让他人无法轻易地靠近我们。基于正当的理由，我们都以各自独特的方式在自己的周遭筑起一道防护墙来保护自己，而让他人无法轻易地穿越这道防护墙，甚至连自己也很难打破它们。每当强烈地认同着内在这个受到遗弃、充满羞愧的小孩时，我们就会本能地立

我们为何会重复旧有的模式

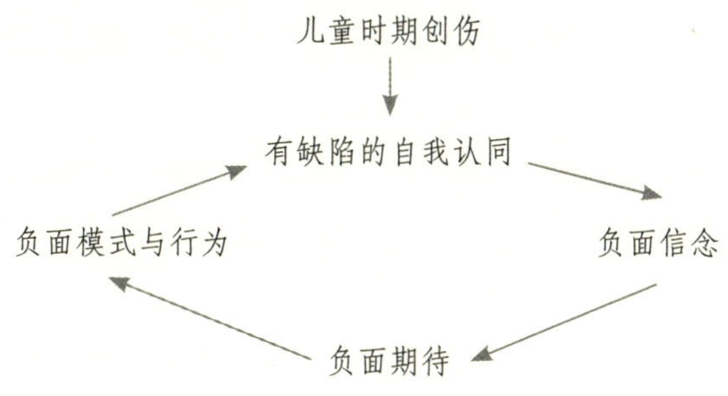

即进入这些行为中；因为对这个小孩而言，这是生死攸关的问题。

例如我们在前面章节中曾经提到的性情孤僻的挪威登山家柏，他强烈地认同于内在的情绪化小孩，这个情绪化小孩觉得自己必须把人们推开，才能感受到他自己以及安全感。一旦与人亲近时，他感受到的是被一股难以言喻的原始恐慌所淹没，在这个情况下，他唯一能做的就是让自己逃开。很自然地，他为自己创造出了孤立的生命形态，每当与别人相处时，他总是深深地觉得被对方淹没了，因而丧失了信任感。因为他没有看到自己的这些认同，所以一直觉得这就是生命的真相，不可能有任何的不同。

当他探索了自己孩童时代的情景，了解到他带着严厉宗教色彩的妈妈是如此充满控制，而自己则曾经不断地受到她的侵犯和压抑；因此，他总是怀疑身边的人只想控制、操纵他。在这样的环境中，他所发展出来的补偿机制模式，是用尽方法不让他人靠近自己。然而，他发现自己总是被需求匮乏的人吸引，而这样的人很容易就陷入嫉妒、占有、情绪上的操控、歇斯底里，并且不尊重他的隐私权以及孤独的空间。这种情况之下，导致他很自然地就会指责对方，并且聚焦于对方的所作所为，而不是回来检视自己内在的认同。

当强烈地认同着内在曾经受到羞辱虐待的孩童时，我们几乎没有办法知道自己真正想要或需要的是什么；我们可能会认为任何一种注意力都是爱的表达，尤其是负面的注意力，因为那是我们唯一的经验。再者，我们所受过的惊吓已经将我们冻结于放弃、困惑、没有办法感受到自己的状态中。而在更深的层面上更错综复杂的内在情境是，造成我们对羞愧、惊吓的受创小孩的认同的部分动能，来自内在一股想要报复的冲动。这个内在受创的小孩变得如此不信任，而且在内在累积了这么多无意识压抑下来的愤怒，所以他渴望当自己足够强壮时，可以伺机进行报复。事实上，这股渴望报复的冲动是如此强烈，所以我们通常会吸引某个让我们能够重演过去所有积压的怨恨的对象。这股报复的渴望让我们紧紧地依附着旧有的认同。

玛丽亚是个惊艳的女人，对她而言，性能量比较像是与男人之间的竞技，而不是做爱。她喜爱这种强烈感，总是会吸引有力量与强劲的男人。她也喜欢以性能量来支配男人。然而，难以避免地，她的关系只能维持数月之久，因为一段时间之后，她就觉得“性趣缺缺”。就深层而言，她了解到“做爱时，有一部分的我并没有真的在那里”。那是她敏感脆弱的部分，曾经因父亲对她的性欲与母亲对她的身体虐待而受苦。做爱时，她不断地重复着来自创伤的外显行为，而不是学习如何保护受伤的内在小女孩，使得她更羁绊于对创伤的认同。因为情绪化小孩看不到过去和现在之间的不同，所以把报复发泄在现在的伴侣或正在为我们工作的人身上，而不是发泄在原本让我们受伤的父母亲或当事人身上。然而，在那份无意识状态中，没有任何的疗愈可言。

我之前曾经提到一对不断地上演着戏剧的伴侣，克里斯蒂娜和阿尔伯特，他们两个人都深深地认同于自己内在无法信任的情绪化小孩；两个人都没有看到自己内在渴望报复的强烈程度。只要其中一个人做了触动另一个人创伤的事，他马上就感受到愤怒或受伤而进入反弹状态，然后再一次地印证，最好还是让自己保持封闭，待在保护层中。在这份关系里，双方都对亲密关系的复杂性和挑战缺乏智慧，而且完全被自己内在的不信任感，以及来自不信任创伤所形成的信念、预期和行为所接管。在这个情况下，他们的互动很自然地只可能是不断重复的游戏和策略的上演。

在我们所带领的工作坊中，经常出现的一个问题是："好，现在我看到了在关系中，我认同了我的受创小孩，那要如何走出重复性的冲动行为？如何停止一再重复出现的痛苦模式？它需要多久的时间呢？"

我们的回应是："看到是第一步，然而，你同时也需要感受着它。从这个空间，真正感觉身体的感受，还有你是如何看待自己的。另外，当你问需要多久的时间，就表示你尚未接受内在受创小孩的痛苦与恐惧。你想要痛苦离开，而那通常意味着你仍想要被拯救。最后一步是，在生活中踏出能够带给你自信与自尊的坚实步伐。"

如何突破旧有模式

1. 辨识（Recognition）：我们必须了解自己的认同，以及来自这份认同所形成的信念、预期和行为。
2. 深潜（Immersion）：我们必须有意愿深入、彻底地感受伴随着认同的痛苦和恐惧。
3. 接受 （Acceptance）：当受创小孩的痛苦、羞愧与恐惧出现时，学习与之和谐共处。
4. 冒险（Risk）：我们必须有意愿，冒险让自己走出这份认同。

突破我们旧有模式的第一个阶段是辨识的阶段。这个阶段包含辨识我们的模式，以及联结与这个模式有关的创伤；我们从模式本身开始回溯那些可能导致模式形成的孩提时代的经验。这涵盖了越来越能觉知到自己的负向信念、预期、行为，以及潜藏的负向自我形象。

例如，在亲密关系中，你的模式是总觉得自己会受到情绪虐待，你看到自己以类似的情境再度上演的负向预期。你甚至可能会认为，被错误地对待基本上就是亲密关系中的一环；你也可能会留意到当这个情况发生时，自己马上就在惊吓中萎缩，而成为一个冲动的讨好者。在内心更深处，你留意到当你想到自己时，你看到的是一个觉得自己理应被错误对待或者遭到拒绝的人。最后，回溯你的孩提时代，你觉知到你的父亲或母亲，也曾经以你现在所感受到被错误对待的方式错待过你。

第二个阶段是比较困难的，这是深潜的阶段。在这个阶段，我们必须允许自己沉潜于经验中，彻底地感受它；同时，放弃试图改变模式或是期待它们能够消失的意念。大多数人会很自然地想要从模式中跳脱出来，但是期待它的改变无法真正让它消退，那只是分散人的注意力而已。相反的，我们需要和它在一起，感受着它所带来的恐惧和痛苦，而这不是一个可以轻易地独自进行的阶段。

我发现自己需要一些引导才能深入感受这些经验，因为我是如此自动化而习惯地使用头脑去思考，或者是让自己跳离恐惧痛苦的感受。在旅程的某个阶段，我了解了自己的旧有模式，允许自己感觉着它们，觉知到负面的信念、期待与行为，然而那仍然不够。

我们还需要找到一个不再与恐惧、羞愧与痛苦对抗的内在空间。这是第三阶段。找到内在空间来接受与拥抱受创部分，是卸除对旧有模式认同的一大步。

> 我们无法卸除对旧有创伤与模式的认同，
> 直到我们能够在它们浮现时，完全地接受、允许而不抗拒。
> 当不再抗拒时，我们就可以选择停止旧有模式的上演。
> 否则，它们仍会持续地萦绕并驱策着我们。

最后一个阶段是实际的冒险，走出旧有模式，同时面对浮现的恐惧。例如，辛迪雅是我们的一个朋友，正与一个会虐待她的男人处于亲密关系中，她相信如果她为自己挺身而出，设定界限，就会有可怕的事情发生。后来，当她冒险真的这么去做时，她发现原本所害怕的情况并没有真的发生；甚至当男友亚历克斯对她狂怒时，她竟然能够处之泰然。挪威人柏则相信如果让自己与他人亲近，自己一定会被对方淹没而消失。但是无论如何，通过冒险的尝试，他慢慢发现当自己和另外一个人亲近时，仍然可以持续地感觉到自己。事实上，我们不可能预测自己会在什么时候具有足够的清晰度来停止旧有的模式，它似乎只是当花费了足够的时间在辨识及深潜阶段之后，所产生的自然结果。

当能够冒险去做一些崭新而不同的事情时，也就是我们看到过去所认为的自己并不是本然自己的开端。在之前章节我所举出的案例中，迈克尔深信自己是一个被遗弃的小孩，所以在成人的生活中，总是无意识地不断寻找妈妈；每当亲近女人时，他总是以内在受创小迈克尔的空间靠近女人。事实上，当我们认同于自己是一个不值得被爱而羞愧的人时，我们是以这个自己无意识认同的角色进入关系的，因此，我们从外界所得到的响应也就是可以预测的。

然而，当我们开始对负向的自我形象解除认同时，我们也就开始从内在不同的空间来与外界互动。我们会突然之间发现自己正在做出较为聪明的选择，而我们一直想要的人、事、物也会突然来到眼前。对我而言，我让自己走出了在关系中扮演拯救者角色的模式；很难明确地说明这个情况是怎么发生的，但是我能够了解的是在过去的模式中，我是从内在被遗弃创伤的空间来与对方互动的。在不知情的情况下，我依循以上所列出的四个阶段对自己进行了内在工作，旧有的模式因此而自动消失。

成长练习：

一、把觉知带进对模式的观察

在你最重要的关系中，你最主要的互动模式是什么？为了对自己的模式具有更多的觉知，请留意：

1. 你的负向预期。
2. 你的负向信念。
3. 你的自动化行为。

例如，我的模式是总是会被没有办法真正陪伴我的人吸引，我发现自己总是在乞求着更多的注意力。对方刚开始的时候是可以陪伴我的，但是一段时间之后，就会找到其他在他生命中更重要的事务。表面上，我在期待着他能够给我更多的时间和注意力，但在更深的内在，我预期着自己将会遭到拒绝。而当我内心的期待没有得到满足、真的感受到拒绝时，就会让自己陷入放弃的状态，再度印证自己将永远得不到需要的爱。

二、将行为模式与潜伏的创伤作联结

1. 这个模式与你先前的关系和孩提时代的事件与环境，有什么类似的地方？你小时候经历的什么特殊情况，与你目前正在经验的相类似？

2. 这些经验让你形成了怎样的自我形象？ 例如“我是一个失败者”，“我是一个不配拥有爱的人”，或是“我没有吸引力”。

三、探索模式

1. 这个模式带来了内在什么样的感受？愤怒？无望？无助？悲伤？恐慌？

2. 你会使用怎样的字眼来描述这个创伤？想象你的内在小孩正在说话，例如：“当我正和我的伴侣交谈时，他却忽略我，这让我彻底觉得自己是不被重视的和没有自我价值的。”或者：“当我的伴侣对我有所索求的时候，我觉得受到支配及操控，这让我很害怕。”

四、冒险

在这种情况下，你可以做怎样的冒险，来挑战你的受创小孩所抱持的信念?

五、卸除对模式的认同

想象一个小孩坐在你的面前，你看着这个小孩，觉知到他拥有和你的孩提时代相同的故事。允许自己感受着这个孩子，他就在你的内在，而你仍然跟他保持着一些距离。当恐惧、不安全感、不信任感涌现时，你可以观照它们，而且允许它们的存在，同时了解到，这只是你的内在受创小孩在这个时候接管了你的意识。

第19章　疗愈情绪伤痛

疗愈内在情绪化小孩最大的挑战之一，是当它出现时，如何与它相处。了解我们的羞愧与创伤故事是一回事，而如何与被触动的情绪化小孩相处又是另一回事。当这些强烈的羞愧、恐惧、伤痛或惊吓在日常生活中出现时，要如何与这些感觉待在一起，又是一个更大的挑战。

我们没有被教导如何与痛苦的情绪相处

在大部分人的成长环境中，身边的人并不知道如何以健康的方式来处理自己的情绪。甚至，养育我们长大的大人们，通常会通过各种上瘾行为来避开恐惧与痛苦的感受，像是药物或食品的滥用，性的上瘾，工作狂，侵略攻击，或歇斯底里，僵化的宗教信仰或道德观。长大之后，我们可能会发现自己倾向于模仿这些不健全的行为模式，或是与具有这些行为模式的情人或朋友交往。

基本上，疗愈的向度是允许自己与痛苦和恐惧的感觉同在，而不是试图改善它，或是想要赶走这些感觉。听起来好像很简单，然而确实是如此。我所谓的“允许”，意味着与感觉同在而不抗拒。我所谓的“待在当下”，是指允许自己感觉，同时看到这些感觉如何呈现在身体、行为与思绪中。这样的探索，也包括看清我们是如何习惯性地去避开自己的补偿行为。当我们没有选择去感觉自己的伤痛和恐惧时，我们就会试着找一些方法来避开它。

在第一部，我已经探索了所有当我们受到干扰时可能会呈现的外显行为。会以这些方式来反弹是人之常情，毕竟，恐惧与痛苦令人感到困扰，而有谁愿意受到干扰呢？所以，我们会不由自主地试着以某些方式来避开它们。然而，与其让自己像大多数人一样试图避开，我们可以为自己多跨出一步，试着告诉自己："好，我现在觉得受到干扰，就让我待在这份感觉中。"

以下是一些有所帮助的做法：

1. "我可以做几下深呼吸来给自己一些内在空间。""让我花一些时间来感觉身体的感受，或许我觉得胸口紧缩，或许我的呼吸短浅，或许我觉得不安、困惑、麻痹。"
2. "如果我留意到自己生气，不让自己冲动地因愤怒而反弹，取而代之的是如实地感觉它在身体里的感受。""让我感觉着这份被激怒的感受，这份紧绷，以及试图挣扎的不安与欲望。"开始感觉着身体的感受，给我带来很大的帮助。
3. 我们可以留意当自己受到干扰时，通常会出现的反弹行为。然后，告诉自己，现在可以开始做出不同的选择。像是对自己说："好，因为受到干扰，所以我正在反弹。""与其批判自己受到干扰以及做出反弹，不如不带批判地观照着这个行为。"
4. "我也同时观照着这份干扰如何影响着我的思绪。"例如我强烈地批判自己受到干扰与做出反弹行为，其实我的内在对话是："你真是白痴，经过这么多年的自我工作，你还搅和在这些老掉牙的状况里。""你还自称是个静心者，你做的是哪门子静心啊。""你简直无可救药，怎么可能期待别人爱你呢？""把自己搞定吧，毕竟，你是这方面的老师啊，记得吗？"

当我们认为自己应该或不应该有怎样的经验，就很难待在当下经历和体验当时真实的发生。所以，觉知自己的心态会很有帮助。我们很难去接受与探索自己所批判与拒绝的经验。当我能觉知自己的批判与观念，我就能与它保持距离，甚至质疑它的真实性。

留意自己如何受到触动

无论我们在自己身上下过多少工夫，无论我们静心了多久，在某些情境下，我们一定会受到干扰。生命自有它的方式，来引发我们内在尚未安定自如的地带，以及尚未疗愈的创伤。我们越是对生命与爱敞开，深沉的不安全感、不被爱、恐惧感，也就越会浮上台面。当觉得受到干扰时，表示我们内在某些感受已经受到某些情境的触动。如果能花一些时间来检视这些触动，我们也就对自己多了一些了解。这些触动情境有可能是：

1. 某人与我们说话或是对待我们的方式。
2. 没有得到自己想要的注意力、爱、认同与尊重。
3. 觉得不受尊重，觉得没有为自己挺身而出。
4. 觉得自己是个失败者，或预期自己将会失败。
5. 受到惊吓，或是预期自己会害怕。
6. 觉得没有满足自我期待。
7. 觉得受到批判，或是被他人所期待。
8. 觉得对生活不满足，或是对朋友与情人不满意。
9. 觉得工作上缺乏满足感。
10. 觉得生活中过度妥协。

现今生活的情境之所以会触动我们，是因为它反映出我们小时候所受到的创伤。例如，如果我们的双亲之一有酒瘾而无法真正地陪伴我们，长大之后，只要感受到亲近的人没有真正地与我们在一起，我们旧有的受伤感觉就马上会被引发。或是，小时候我们曾经没有被尊重地对待，长大之后，就会对不受尊重的情境格外敏感。我们真的会去引发相同的情境再度出现，好让这些创伤可以有疗愈的机会。当我们开始能够觉知到自己特定的触动机制与行为模式，就能让我们更了解自己，同时对自己更慈悲。

辨识什么创伤受到触动

儿童时期的创伤，至今仍然对我们的神经系统造成深远的影响，导致我们丧失了对生命与爱的基本信任。它让我们很容易陷入反弹、防卫、退缩、激动的行为中，或是毫无缘由地感受到深沉的恐慌。我们需要知道自己儿童时期受创的全盘故事吗？不需要。然而，了解我们的创伤与目前的反弹行为是来自过往的经验，对我们很有帮助。如果缺乏这份了解，我们很容易就会陷入自我批判。

当恐惧或痛苦的感觉浮现时，辨识出是什么创伤受到触动，是很有帮助的。举个例子，如果我们允许自己去靠近某个人，当我们越来越依恋对方时，我们也就越容易被我前面所提到过的那些过程所影响。原因在于内在的遗弃创伤。就如同我之前所提到的遗弃创伤，是我们内心渴望陪伴、安全、情感、爱与温暖，同时又害怕失去，也因缺乏这些滋养而感到恐惧与受苦的内在空间。在我们创造出一份持续的亲密关系之前，我们会很难理解自己内心是多么的渴望这些滋养。然而，一旦我们真的品尝到了这些滋养，害怕失去的恐惧也会越来越强烈。能够明白自己会感受到这些情绪，是来自过往深沉遗弃创伤的影响，对我很有帮助，我不再因为这些情绪而批判自己。

学习接纳与感受

进行我所描述的疗愈方式，需要一份内在意愿来接纳当下不舒服的感受。那是一份意识的选择与承诺，一份清晰的洞见，知道最好是选择与当下的感受在一起，而不是让自己做出反弹行为来避开它。在我们许下这份承诺之前，反弹是我们大多数人的惯常行为。当然，我之前也是如此。然而，经由自我成长的历程，我逐渐明白只是一味地反弹而不深入内在，只会带来彼此的伤害。不只伤害了我周遭亲近的人，也无意识地再度强化了孩子气的自我形象。现在，每当自己做出反弹的举动，我通常都可以感受到它对他人以及自己所造成的伤害。

我同时也发现自己内在拥有空间接纳这些感觉，即使当下的感觉仿佛自己即将死去般难受。我们称这个过程为“允许燃烧”。因为通常就是这样的感受，仿佛内在燃烧着愤怒、挫败、不耐烦、痛苦与焦虑。双手手掌朝上敞开，想象自己把痛苦与恐惧归还给宇宙，可以帮助我们在内在接纳这些痛苦与恐惧。

与其与这些感觉对抗，不如借由向上敞开的手掌臣服于它。借由双手手掌朝上敞开，我们臣服于这些感觉。这是强而有力的过程，对穿越这些困难的经验很有帮助。我们终将穿越，而且在穿越之后，我们会感受到无比的力量。知道自己可以接纳痛苦与恐惧，而不需要反弹丢给他人或是进入上瘾行为来避开，会让自己的内在更滋养茁壮。当我们停止以反弹行为来破坏自己的人生时，我们也就启动了爱与创造力的流动，这也会为我们的生命带来滋养。甚至，因为我们不再借由反弹行为来推开周遭的人们，我们也开始从他人那里接收到不同的回应。或者，当我们做出反弹的举动时，我们可以向对方道歉，同时疗愈我们的反弹举动所造成的伤害。

成长练习：

处理情绪的创伤

任何时候，当你觉得受到干扰，你可以遵循下列步骤来进行处理：

1. 做几下深呼吸，宁静地坐着，或是到大自然中散步。
2. 留意这份干扰在身体中的感受。
3. 留意是什么触动了你的干扰。
4. 留意伴随着干扰而升起的思绪。
5. 不带批判地留意你是如何反弹的？
6. 下定决心不再用任何方式来抗拒这份干扰，同时将不舒服的感觉传送给宇宙。

第20章　为自己挺身而出

大部分的人都很难表达拒绝说“不”。在我所认识的人当中，只有极少数的人没有这方面的困难。如果我们让自己麻痹地不去感觉内在情绪化小孩的恐惧，我们可能就不会难以表达拒绝及设定界限；但是，只要我们和自己的羞愧感和惊吓有所联系，它就会引起我们深藏于内的原始恐慌。

我自己已经在这个层面上工作了好几年，但是它对我而言仍然是相当的困难。我讨厌自己必须要说出或者做出任何会让人们对我生气、不认同我、切断与我的联结的话语或事情，它对我而言是一份冒险。我甚至已经接受了自己就是这样一个人，或者说我的情绪化小孩就是这样的状态。我（我的情绪化小孩）讨厌人们不喜欢我，我会因此而抓狂，认为世界末日即将来临；如果因此而让他人不开心，我更会感到极度的罪恶感。但是，我也已经学习到，如果我让自己妥协而没有表达出自己的需要或感受，我将会有更糟糕的感受。相反的，当我清晰而直接时，反而总是会产生更好的结果。

界限侵犯清单

远离妥协是生命成长过程中很重要的一步，我发现在过往的生活中，自己是这么无意识而自动化地妥协。对我而言，对于界限的学习以及了解、重视自己的需求，已经让我越来越有力量。几年前，我的一位好友迈克尔，参加了马林镇的一个男性分享团体。他给了我一份这个团体带领者提供的清单，上面列了生活中我们彼此互相侵犯界限的各种情况。看完了这份清单后，我很惊讶地发现自己竟然对界限的侵犯这么缺乏了解，并且在不知情的情况下，竟然对他人做出了那么多的侵犯举动。它同时也说明了为何在某些情况下，别人的确对我造成了困扰，而我却不清楚缘由。阅读了这份清单，我开始理解是什么激起了我的愤怒，导致我的退缩，让自己远离这些人。阿曼娜和我以这份清单为基础，写下了我们自己的清单，我们把它称为“界限侵犯清单”。

我们邀请人们在阅读这份清单时，同时思索这些侵犯情况是否曾经发生在他们的孩提时代，以及是否持续地发生在现在的生活中。当人们阅读这份清单时，也会很自然地留意到自己是以怎样的方式侵犯了他人；但是我们先不把焦点放在这个层面上，因为它会引发罪恶感，罪恶感并不是一个可以让我们成长的适当空间。从另一方面来看，我发现当我们能够准确地觉知什么是侵犯的情况，以及哪些侵犯的情况曾经发生在自己身上时，这份觉知将会为我们的生活带来更深沉的敏感度，我们就比较不会有想要侵犯他人，或者是允许被侵犯的倾向。

界限侵犯清单：

1. 被告知你应该有怎样的感觉，你想要什么，或应该怎么做?
2. 你的约会对象迟到，或者有人没有遵守你们彼此之间的承诺。
3. 你的感觉受到否定。例如有人告诉你：“你不需要有那样的感觉。”“你为什么害怕呢？没有什么好怕的嘛!”
4. 你遭到耻笑、嘲弄。（除非彼此之间具有相当程度的爱和信任，否则嘲弄的行为通常是具有伤害性的。）
5. 被看成一个小孩，如同被赐予恩惠一般对待，或者对方以高姿态跟你说话。

6. 当你说话时，被忽略、插嘴或打断。（除非对方本身愿意，否则我们不能要求任何人给我们注意力；但是如果他已经给了我们注意力，我们就可以期待是全然的注意力。）
7. 你身体的空间没有得到尊重。例如某人没有经过你的同意就擅自拿走你的东西，或者借了你的东西而没有归还。
8. 某人总是认为自己是对的，或者总是要拥有最后的决定权。
9. 你的拒绝没有受到尊重。
10. 受到暴力或者威胁（要离开、惩罚、伤害你）的虐待。这种暴力会以任何形态出现，像是口头上的、能量上的或是身体上的。
11. 被索求。
12. 被以愤怒、罪恶感、期待、情绪化、无助、生病、性……的方式支配着。
13. 不正常的性行为（大人对小孩），或是性行为过程中没有受到敏感的对待。
14. 被施以压力、批评、批判、藐视。
15. 被给予未经请求的忠告。

阅读这份清单并且根据它进行自己的内在工作，让我越来越能觉知到自己过去受到多么深的创伤，以及自己是如何允许自己以小时候被侵犯的方式继续被他人侵犯着，或是侵犯着他人。事实上，它是如此令人感到惊骇，因为突然之间我了解了许多孩童时期的经历。我可以看到在成长的过程中，一直被认为是琐碎事情的许多细节，事实上对我们造成了严重的侵犯和深沉的惊吓。

例如我的父亲认为，鼓励孩子学习乐器是身为父母亲的职责。

他的出发点是充满善意的，想要把自己对古典音乐的喜好传承给孩子。但是他所使用的方式，也就是犹太父母亲灌输教育子女的标准方式，是强迫我学习他所选择的乐器——大提琴。事实上我从来就没有想要学拉大提琴，我真正想要学的是吉他，而我的父亲认为吉他在古典文学上的素养不够浩瀚。他并不认为我有能力在这方面独自做出适当的选择。我所感受到的是，他认为我最后只是知道披头士合唱团，而不懂得欣赏巴赫或莫扎特。过去，我常常开玩笑地说自己的大提琴拉得有多么的烂，但是从来就不曾了解在这个过程中自己受到了侵犯，也从来不曾了解为什么每当和大提琴老师在一起时，我就会陷入深沉的惊吓中。

设定界限会引发深沉的恐惧

当和权威人物或是自己崇拜的人在一起时，我们会难以觉察、表达自己的界限，这是很平常的一种状况；最明显的情形会发生在我们与父母亲、老板或老师的相处过程中，也会强烈地发生在我们与情人或朋友之间。我自己过去在这些互动中的经验，是陷入了深沉的惊吓而没有能力设定界限。直至目前，我有时候仍然会多多少少地陷于类似的状况中，我会顿时陷入冻结，变得困惑，并且感觉不到自己。

当我们能够探索究竟是什么潜伏于这个反弹行为之下，我们就能够对自己拥有多一些慈悲。即使我过去已经尽力试图让自己有所不同，却没有多大的改变。在情绪化小孩的内在世界里，我无意识地把对自己的爱和认同的主导权交给了他人，因此也就同时陷入了一种无助的状态里。内在小孩所感受到的恐慌是如此的强烈，所以我唯一能做的就是观照着它，而且带着关爱来对待这份恐慌。如果试图让自己有所不同，只会带来压力、不真实感以及退缩。在更深的层面，我也觉知到自己的情绪化小孩希望这个世界是甜美、尊重、充满着爱以及关怀的；或者，需要感受到这个世界是和谐的，否则我内在会觉得备受威胁。

借由越来越放松地设定界限，来穿越自己的惊吓和放弃感，是一个重要的学习课题，所以我们会不断地创造出情境来带动对它的学习。我在自己的经验以及与我一起工作的许多人身上，看到了这个情况。我们会被迫重复这些情境，直到我们冒险为自己挺身而出。

我的一个朋友正和一位总是对着她指责咆哮的男人交往。事实上，她的父亲曾经对她做过相同的事情。在这种情况下，她的反应模式是觉得罪恶、责备自己、认为自己必须负起全责；甚至将这种情况灵性化，认为这些片刻只是在帮助她更了解自己，以及学习如何不那么轻易地反弹。但是她的罪恶感以及灵性上的借口，只会让她更深陷于身为受害者的自我认同。她的挑战在于，面对她的男友或是其他任何人的咆哮时，找到内在的勇气来表达自己的界限。这个过程将帮助她打破来自童年对受害情绪化小孩的认同。而且，她实际已经在经验这个过程。

逐渐地，当她感受到不尊重或是责备时，她有了勇气作自我表达。刚开始这么做是挺困难的，然而，慢慢地，它变得越来越容易，甚至有时候她可以享受这股挑战的能量与自我尊重感。这个过程帮助她突破了来自孩童时期对受创情绪化小孩的认同。令人惊讶的是，她的男友越来越尊重她，因为她的成长过程映照出了他想要学习停止责备与指控的内在意愿。（当我们全然走在自我内在成长的过程中时，我们的亲密伴侣也会以她或他的方式跟上来，是很平常的现象。）

我的另一个朋友，则是跟一个总是会情不自禁和不同的女人打情骂俏的男人在一起。她面对这个情况的方式，不是在男友面前抱怨，就是让自己陷入无止境的伤心难过中。就能量层面而言，上述这两种做法都无法让她脱离对受害情绪化小孩的认同。她内在并不相信男人会全心全意地爱她，心满意足地和她在一起。所以，她的挑战是在内在找到一个尊严的空间，感觉着自己再也无法接受他的行为，因为这有损她的自我尊严。

选择“尊严”胜于“爱”

我们的情绪化小孩渴望着爱，无论这份爱是多么的微弱；

但是，身为一个成人，我们没有办法过着失去尊严的生活。

要破除对受创小孩的认同，我们必须学习选择尊严胜过那一丁点的爱，

即使那意味着必须面对孤独的生活。

当受到侵犯时，并不是每个人都会陷入惊吓；对某些人而言，比较可能会是愤怒的反应。但是就我个人的经验，潜伏于这两种不同反应中的恐惧，基本上是相同的。同时，当我对自己的界限有更多的学习与重视，并且在内在找到勇气肯定地表达出它们时，我也就逐渐地走出惊吓，而开始感受到深层的愤怒。过去，在侵犯状况发生之后，需要相当长的时间，我才能意识到自己受到侵犯。我留意到自己会在事发之后的几天，甚至是几星期中，因为某些原因而对那个人有着不舒服的感觉；或者我会留意到自己开始对那个人带着批判，甚至在别人面前批评他。对我而言，那是一个线索，指引我看到自己妥协了，或者因为没有说出自己想说的话而心存怨恨。

然而，逐渐地，这段延迟的时间缩短了，而我也比较能够迅速地感受到内在火焰的升起。当对过往自己的妥协具有越来越多的觉知时，似乎也同时点燃了曾经被压抑下来的愤怒火焰。这对我而言是一个很好的阶段，但是最后我了解到，只是能够感受到侵犯而对之反弹，并非这个过程的终点，我的愤怒仍然是来自承受了一辈子怨恨的情绪化小孩的空间。所以，出自愤怒的反弹行为并非真正的设定界限，因为反弹的行为中缺乏真实的力量，它只是情绪化小孩从过往的放弃感当中开始有所爆发。当然，就很多方面而言，爆发是比垮下来、怨恨、被侵犯要好，因为它具有能量，然而，它仍旧是不成熟的。

由于过往受到侵犯的经验，造成了我们在否认和愤怒这两个极端的摆荡。我可以看到，除非我理解了这个状况来自自己无意识的期待，否则我将注定一直在满怀希望与陷入失望，垮下来与愤怒之间，来回地摆荡。

情绪化小孩坚持地怀抱着希望，希冀人们能够符合自己的期待，

因此让自己在放弃感以及暴怒之间摇摆着。

我们需要了解的是，情绪化小孩会始终在这两极摆荡着，

但是当我们能够开始看到人们以及当下情况的本然面貌时，

我们将能够培养设定界限的能力，而对当时的情况做出适当的响应。

反弹还是响应

几年前，我和一位同事陷入了长期的争论。他写了一封恶毒的

信给我，其中涉及了与我们争论的主题不相干的人身攻击。那是很明显的粗鲁的侵犯。当我收到这封信时，我可以感觉到自己因为受到攻击而被激起的愤怒。过去，我可能会试图和解，或者回报以同样的攻击；但是这一次，我让自己待在这个感觉中三天，然后才响应，很清楚地设定我的界限，同时承认自己可能也侵犯了他。当时，我可以感觉到自己受到失去和谐及愤怒的干扰，但是我内在已经拥有足够的空间允许这些感觉的存在，而不进入反弹行为。我举出这个例子，是想要表达在我自己设定界限的经验中我了解到，到了某个时候，我们会逐渐地不再那么需要对对方丢出我们的反弹行为。我们内在仍然可以感受到这些感觉，但是能够允许这些感觉就只是在那里，而同时让清晰度慢慢地浮现，然后做出适当的响应。

最后，我了解到自己学习设定界限其实与他人无关，纯粹来自自己内在的清晰度。那是一份对于我自己需求的清晰了解，同时看到人们的本然面貌而不是自己对他们的期许。我开始理解每个人都有着无意识的部分，而这份无意识导致了彼此之间的粗鲁、侵犯、不尊重甚至虐待的行为。随着这份理解的深入，我慢慢地停止了把自己摆到受伤、受虐、不被尊重的情境中，因为我可以看清真相。同时，当我不再那么上瘾于那一丁点的注意力和认同时，我也就比较容易对自己觉得不对劲的状况表达拒绝。我发展了一份内在的空间来感受什么对我而言是对的，而什么对我而言是不对劲的。

然而，这一份内在的转移意味着，我需要持续地面对自己受到遗弃、拒绝、惩罚以及否定的恐惧。当我发现自己不断地受到某人的伤害时，我已经没有看到这个人的真实面貌。通过紧抓住对对方的期待，让自己不需要去面对梦醒时必须要面对的对于孤独的恐惧；或是，担心如果自己开始拒绝，对方可能会认为我是自私的；或更糟糕的是，对方可能会采取报复的行动。因此，让自己妥协反而是比较安全而熟悉的。这就是我们内在情绪化小孩的思考以及运作方式。

但是，通过对侵犯行为的觉知，我们逐渐发展出更多的可能性；

当侵犯的行为发生时，我们开始有所辨识，

感受着内在的害怕，同时为自己设下界限。

有时候，只是一个清晰的响应，而没有任何反弹行为。

但是，它并非线性的发展，

针对某些人或是某些情况，我们可能比较容易清晰地看待；

而其他的人、事、物，则比较容易引发我们内在的惊恐与愤怒。

学习设定界限的阶段

第一阶段：感受以及接受惊恐，并且觉知到侵犯行为。

第二阶段：感受着内在的火焰，或是反弹的能量。

第三阶段：清晰度来自内在中心的响应，看到人们的真相，愿意面对自己的孤独，知道自己的需求。

成长练习：

设定界限的过程

1. 第一阶段：感受惊恐

（1）检视界限侵犯清单，并且问自己：

“这个行为是否出现于我现在的生活中？如果有，出现于和谁的互动中呢？”

“同样的行为，是否曾经出现于过往的生活中？如果有，出现于和谁的互动中呢？”

“哪一些侵犯行为对我影响最大？我对现在生活中的人们做出了同样的行为吗？”

（2）当你受到侵犯时，内在有怎样的感受？写下你所观察到的。

2. 第二阶段：感受内在的火焰，观照自己的反弹模式

（1）留意到自己受到某人侵犯时，给自己一些时间感受被激起的愤怒。内在感觉如何？这份感觉是在你身体的哪一个地方？

（2）如果你陷入了反弹行为，观照你的反弹，让它们如实地存在着。

（3）当受到某人侵犯时，如果你不马上做一些反应举动，你认为会有什么情况发生呢？

3. 第三阶段：清晰度

（1）当你觉得受到侵犯时，停下来，问你自己：“我期待从这个人这儿得到什么？”然后回答这个问题：“我并不准备放弃这份期待，因为……”

（2）想象你有一副全然清晰的眼镜，如果戴上这副眼镜来看你觉得侵犯或背叛你的人，你看到了什么？

（3）留意当你妥协时，以及当你觉得事情很对劲这两种情况下，内在有何不同的感受？

第21章 压抑、表达、接纳

我曾经读过吉川英治（Eiji Yoshikawa）写的一本关于日本武士宫本武藏（Miyamoto Musashi）的书。这是我所读过的书籍中非常特殊的一本，书中讲述了这名男子如何成为日本历史上最著名的武士的过程。整本书长达一千多页，描写了他培养自己越来越深入地归于中心能力的学习过程。

在这趟回归中心的旅程中，他学习把自己的愤怒摆在一边，接受悲伤和痛苦原本就是生活的一部分，同时保持聚精会神，不让情绪、贪婪、野心分散了心志。这个男人所拥有的力量，主要不是来自他身为一个武士的技能，而是来自他内在的发展，也可以说是来自他能够在内在接纳这些能量的能力。刚开始时，他是一个狂野而不受纪律拘束的人，完全处于情绪化小孩的状态中。有两年的时间，他的老师把他关在一个房间里，来让他焦躁的性情慢慢地安静下来（日式的修炼方法），然后引领他穿越接二连三的生活中的考验，当中的许多考验事实上与战斗本身毫无关系。武藏的故事一直鼓舞着我，它很巧妙地呈现出，我们是如何以各种不同的方式在消耗生命力和力量，以至于使我们的能量流失殆尽。

> 感觉与情绪非常的不同。
>
> 感觉是随着每个片刻浮现的能量体验，没有过往历史的沾染；
>
> 情绪则是一种经验，
>
> 强烈地受到过往所压抑的感觉与个人对感觉的观念的影响。

我们处理自己的感觉和能量的方式，是导致我们能量流失的主要原因之一，例如悲伤、愤怒、性能量、喜悦……当我们压抑自己的感觉时，我们必须消耗能量；而通常当我们表达感觉时，我们也让能量流失了。所以，当能够学习接纳感觉时，我们也就停止了能量的流失。所谓接纳意味着，就只是单纯地待在当下的感觉中。情绪化小孩缺乏接纳的能力，它只能无意识而自动化地压抑或是表达。

接纳或压抑

接纳的能力来自学习观照情绪化小孩，观照它是如何面对情绪和能量的。接纳和压抑之间的不同在于，在接纳的状态下，我们和内在的感受和能量的流动有所联结，可以自由地选择是否表达出这些感受。相反的，当能量受到压抑时，我们没有选择的余地；或者，当感觉或能量的表达受到情绪化小孩的掌控时，我们也同样没有选择的余地。

为了能够接纳内在的感受，第一步是，

我们必须了解自己在过去与现在的生活中，如何面对自己内在的感受；

它通常和我们小时候所学习到的如何处理自己的感觉和能量的方式有关。

我过去所接收到的，通常是对情绪的否定、忽视、批判、逃避或是压抑，即使它有时候是来自非语言的信息。之后我才了解到，恐惧是造成我们对感觉带有负面心态的主要原因。我的父母亲以及我小时候所接触的大人们，都很害怕他们自己的感觉。而当人们害怕某样东西时，就会很自然地想要控制它，尤其是感觉这么容易就会让我们失去控制的东西。过去，像暴怒或是悲痛地表达这些强烈的情绪，总是让我觉得非常不舒服。当时我并不了解那是因为我对它们的恐惧。而我对它们之所以心存恐惧，只是因为我对任何一种感觉的外放或表达都是那么不熟悉。对我而言，整个情绪的世界就好像是被覆盖于阴影中。

我们也有可能因为这些感觉太痛苦了，而害怕去感觉它们，所以只好把它们压抑下来。我们大多数人在小的时候都曾经经验过深沉的痛苦，而我们学习到的面对、处理这份深沉痛苦的方式，是将它们深深地埋藏起来，甚至让自己和感觉失去联结。再者，如果让自己是活生生的、感性的、性感的、有力量的、喜悦的、愤怒的，也可能会因此而与整个社会的道德制约格格不入。

制约已经教导我们必须是平庸的，而且要压抑自己的能量。愤怒或是具有力量，会对大部分的家庭以及我们所生长的社会带来太大的威胁；可能只有少数的人，曾经被关爱地支持可以感受以及表达出自己的失落和失望，因为它通常都是受到否定的。另外我们接收到的信息是，感受痛苦是虚弱或颓丧的表现。

压抑的情绪可能导致歇斯底里或控制

有些人在这方面的经历和我则非常不同，在他们小时候的环境中，是以一种极端的方式在表达感觉。这种表达的方式具有欺骗性，看起来来自这种环境中的人们，似乎和自身的感觉有着健康的联系，而事实上，它通常不是一份自然流动的感觉，反而是在避开感觉，是受到恐惧驱使的歇斯底里行为。

我们通常会惊愕地了解到，即使有人在暴怒中或是泪流满面，事实上并没有真的待在当下体验当下的感受。相反的，他所学习到的是以扭曲、反常、上瘾的方式来感受、表达自己的感觉和能量，因此而变得歇斯底里、野心勃勃、贪婪、政客心态、具有侵略性以及贪得无厌。

感觉以及能量的制约

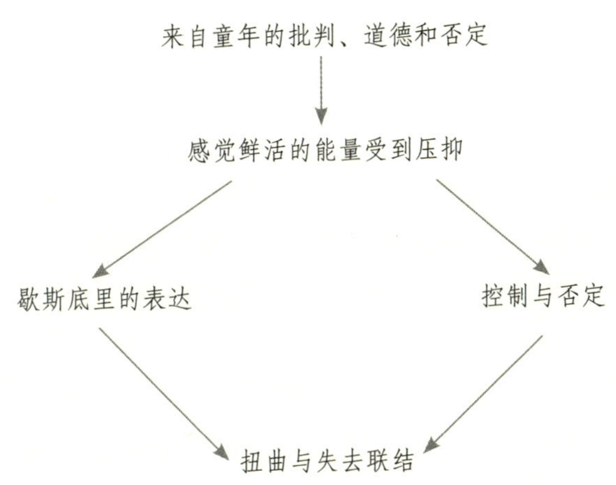

多年前，也就是在我开始探索内在感觉世界之前，我遵循着一条瑜伽行者的道路：住在小区里，每天一大早练习四小时的瑜伽和静心，然后再上医学院读书。我甚至穿着一身白色的衣服，而更让我父母惊恐的是，我头上竟然缠着一条白头巾。这个情况一直持续了三年。从医学院毕业之后，我搬到了加州进行家庭医疗实习时，仍然穿着白衣，缠着白色头巾，只是已经把瑜伽的练习减少为一小时。当时我的两性关系简直一团糟，而这种有纪律的生活也显得枯燥乏味，因此我怀疑自己内在成长的过程尚未完成。就在那时候，一位朋友告诉我一个直接在感觉上工作的工作坊——“生之泉”。

我报名参加了这个工作坊。第一天，站在所有工作人员面前作自我介绍时，他们说我是虚假的，完全和自己失去了联结，而且根本不了解当时的自己。它有点像是以七十年代流行的旧式对质方式在进行这个过程，但是我却捕捉到了要点。几小时后，每个学员都被邀请坐在一张椅子前面，持续重复地说着："我恨！我恨！"然后看看会有什么样的情况发生。这是个在灯光全灭的黑暗中进行的大约一小时的活动，活动过程中，我的内在开始产生变化；我扯下头巾，开始变得狂野。但是当灯光又打亮时，我马上又拾起头巾并戴上了它。

然而这个情况没有持续很久。工作坊在继续进行着，到了某个时候，我们被要求说出自己的本质宣言，当有人说出适切的宣言时，大家就鼓掌欢呼。我不断地站起来说着："我是一个百折不挠的灵性上的追寻者。"或是："我走在真理的道路上。"可是每一次大家都发出欷歔声。最后，团体带领者叫我回家，更换衣服，刮掉络腮胡，穿上衬衫，扯下头巾。我照着做了，然后再回到教室，站起来说出我的本质宣言："我是一个好玩又脆弱的小孩。"大家马上鼓掌欢呼。

那只是我重新拾回自己的感觉和能量这一旅程的起步，在这之后不久，我去了印度的一个小区，这个小区后来变成了我多年的家；同时开始参与一连串的工作坊达数年之久。这是一个融合西方心理治疗以及东方静心的十分独特的地方，在我到达后不久的一次面谈中，和我面谈的人建议我第一个月先参加一些身体工作坊。她说："你似乎非常聚焦于头脑，带着一大堆有关自己以及认为自己应该如何的观念，而这些都是垃圾。所以，我觉得让你放弃这些观念，花一些时间再度和自己的身体联结，对你会比较好。"她说得没错。

在接下来的几个月，我对压抑已久如山高的愤怒和伤痛进行了密集而深入的工作。我探索了受到压抑的性能量，并且学习了一种不压抑生命能量的新的静心方式，我可以看到自己过去是多么强烈地否定、批判、压抑自己的感觉和能量，它们像是具有巨大的重量，沉甸甸地压抑了我的活力和自发性能量。

这些批判的声音受到内在否定声音的支持，是如此的强烈和压抑，它来自我人格中将自己灵性化的部分，并且认为自己应该是个怎样的人。这份灵性上的自我期许仍然十分强烈，它们告诉我最好是“不陷入反弹行为”，要内敛，不要轻易表露情感。或者是说：“我心中没有任何的愤怒或悲伤，我已经穿越了所有的一切；愤怒和悲伤不是我们应该沉溺放纵的负面情绪，这种探询、挖掘情绪的方向，再也不是我追寻真理的方式了。”我花了好多年的时间来穿越这些批判、否定、让人感到压抑的声音。现在，我了解它们全是废话。

表达、燃烧、远离过往压抑的习性

由于我们的压抑、批判和否定，大部分的人在自我成长的过程中，必须经历情绪化小孩的情感表露阶段。至少，那曾经是我个人的经验。我必须允许过往压抑的能量自由地表达出来，直到我能够对长期压抑下来的感觉和活力，再度地感到熟悉和亲密。当我能够表达出过往的压抑时，我也就同时从一个自认为封闭、害怕感觉和能量的人，逐渐转变为一个有所感觉同时可以表露自我情感的人。

很多人对感觉和能量的经验，充满着羞愧、轻蔑以及自我批判；

我们总认为自己是懦弱的、不敏感的、颓丧的、暴力的、不负责任的，

太过于严肃、太性感或是太压抑了。

而所有这些负面的自我观感，压抑了我们所有的感觉和能量。

当我允许能量从压抑中流动开来时，我必须要非常留意这些批判的声音；我可能会批判自己做得不够，之后又批判自己做得太过火了。每当我开始表达出过去的压抑，冒险突破不熟悉的情境时，这些声音总是随时准备在背后咬我一口。我们的批判来自过去所受到的制约，每当我们没有走在制约的道路上时，内在的批判和罪恶感就会立即浮现出来。我会根据过去所学到的批判声音，很精准地批判自己；我会去批判在自己和他人身上所看到我的制约认为不好的部分。然而，当我们不允许感觉或能量流露时，它就会以扭曲的方式出现。贪婪、强烈的性欲、野心、报复、控制、支配伎俩的产生，全都是来自我们和自己的感觉和能量缺乏健康的联结，无法允许它们的存在以及自由流动。

当内在成长到了某个阶段，我开始承诺让自己表露情感而不再压抑，同时允许自己冒险展现出过去失去的狂野和自由，说出过去吞咽下去的话语，在自己想要的时候以自己想要的方式做爱，以过去不允许自己的方式冒险，并且把自己展现出来，让自己暴露出来而不是隐藏，留意到自己是如何隐藏于讨好、安静、拯救者以及彬彬有礼的角色之后，也就是让自己过着真诚的生活，同时不论多害怕都冒险去经历崭新的事物。

当我变得情绪化时，通常意味着我压抑了某些东西。当我们掩饰了内在的欲望，像是通过扮演一个好人，做所谓对的事情，拯救

某人，否定自己的需要的时候，我们就会变得暴躁。但是，如果顺着能量去做了自己想要做的事情，我们也就同时冒着可能被批判或是拒绝的危险。因此，我们通常会选择压抑，然后变得乖戾暴躁。只要留意自己什么时候变得暴躁易怒，同时询问自己当时的渴望是什么，通常就能让自己当时被压抑的欲求浮上台面。甚至当我们抱怨，或是在与某人的互动中把自己摆在卑躬屈膝的位置时，也是类似的情景。

生命能量无法自然流动的状况，会在我们的日常生活中以各种不同的方式呈现出来，像是健康的问题，性方面的障碍，亲密关系上的困难。我们会很容易就变得易怒、反弹、防御、隐藏侵略、善于政治手腕、持续地和别人做比较。

一直以来，有很多种治疗手段尝试着将我们带出压抑的处境，但是，我发现当我们开始探索自己的恐惧和羞愧感时，过去压抑的能量和感觉也就会自然地浮现。在我的经验中，过往埋藏的能量和感觉再度浮现，必须是在一个放松、充满深深的关爱、极度富有耐心的氛围情境中。

在我自己的旅程中，我经历了许多的治疗过程，帮助自己得以在安全的环境中表达这些能量，而不需要担心会伤害到自己或是他人。这些经验非常美好，也对我有很大的帮助。之后，我更深入地在内在恐惧与惊吓的深沉空间工作。这是一份不同的工作，就某些层面而言，它比我之前所做的情绪释放工作还细致。事实上，我必须放弃情绪释放的工作来达到内在的这些空间。

我们每个人都需要找到重拾过往压抑能量的工作方式，
而且，每个人可能需要的是不同的工作方式。
然而我们发现，

某些强烈愤怒的释放工作与深沉内在恐惧探索的结合，是最有效率的方式。

学习接纳

重拾感觉这趟旅程的第三个步骤是学习接纳。到了某个时候，我感觉到自己已经充分地和自己的感觉以及能量有所联结，因此，我的焦点也就自然地有所转移。我已经学习到如何表达，同时在表达时感觉到舒畅自在。而似乎更困难的挑战是如何待在当下，感受着内在的发生，而不催促自己必须赶快做些什么。在揭露过往所压抑能量的阶段，我放任内在情绪化小孩自由地表达；然而，这趟旅程逐渐有了变化，慢慢转移到对情绪化小孩的观照。

因为情绪化小孩无法接纳感觉或是能量，所以当情绪化小孩掌控、接管了情境时，我们就会不由自主地反弹，而让自己的能量和感受不断地流失。我们很难将痛苦、恐惧、愤怒和罪恶感这些不舒服的感受接纳于内心中，并且和它们待在一起，内在总是会有一股强烈的欲望，想要以某些方式来消除这些感觉。但是，通过更多的觉知，我似乎在内在发展出更多的空间——对自己更多的爱和了解，忍受挫折与失望的能力，以及接纳内在不舒服感受的能力。无论外在环境触动了我的什么感觉，我的内在已经具有比较多的空间可以和这些感受在一起，而不需要自动化地进入反弹行为。也就是说，我开始可以有所选择。葛吉夫（George Gurdjieff）在他的著作《与奇人相遇》(*Meetings with Remarkable Men*)的首章中讲述了一段故事：他的父亲临终前，给了他一则小忠告，当受到某人的激怒时，在任何反应之前，至少等待二十四小时。这位父亲留给儿子的遗嘱就是学习接纳的能力。

对于感觉的接纳，并不是说我们就不表达，而是我们的表达再也不是受到内在情绪化小孩的驱使。我们可以有所选择，而这份选择是来自当下发自内心的适切感受；这个时候的焦点在于接受内在浮现的感觉和能量，而且敏感地感受到它们自发性地流动。这种情形就好像是，当当下的感觉和能量不再受到批判和压抑时，我们会感觉好像回到了自己内在的家，感受着自己的感觉以及活生生本质的完整性。

过去，我总是批判自己没有感觉，或是能量过于低落；但是，我也已经留意到，当我只是单纯地和当下真实的发生在一起，而不在意自己给了别人什么样的印象，或是不试图影响他人时，我就能了解到自己独特的感觉方式与能量状态。以这样的方式所经验到的对自己的信任，曾经而且也将永远是我生命中的美丽经验，因为它带给我内在一份深沉的放松和宁静。我可以如此私密地隐遁于自己的感受中，它们存在于我深深的内在，而且是非常私密的空间。

当我能够不以压力或批判来干涉它们时，它们就会以自己独特的方式及适当的时机自然地出现。我们所带领的工作坊的一个主要原则就是，引导人们耐心地在广阔浩瀚的空间探索自己能量和情绪的自然状态。在这样一趟探索的旅程中，我们是否与自己的感觉有所联结，是活跃的还是颓丧的，是敞开的还是封闭的，已经无关紧要，我们就只是简单地待在当下任何的“发生”中。有时候是惊吓、垮掉、麻痹、困惑，而有时候则可能是激怒或是暴怒，悲伤或是局促不安。不论当下有任何的“发生”，我们只是带着爱敞开地观照，并允许、尊重自己独特的情绪状态。

从压抑到表达到接纳

第一阶段：对于压抑状态的觉察

（1）观照你对于自己的感觉和能量的批判。

（2）观照你受到了激怒。

（3）观照你的抱怨和放弃感。

第二阶段：开始能够表达

（1）找到一个表达释放情绪的安全空间。

（2）对自己承诺，会让自己冒险地在言语上、性欲上、能量上做表达。

（3）允许能量在没有压力之下自然地呈现。

第三阶段：接纳感觉于内在

（1）学习与内在的感觉和能量在一起，而不给予批判或压力。

（2）自己的感觉和情绪再也不是不由自主地受到情绪化小孩的掌控，而是能够选择是否表达出来。

（3）经由观照自己情绪和能量的本然自发性流动，我们回到了内在的家里，感受着自己独特的情绪体。

成长练习：

一、觉察自己的压抑状态

1. 仔细地留意自己对于感觉和表达悲伤、愤怒的批判声音。留意自己对于感觉和表达性欲、喜悦的批判声音。

2. 对于感觉本身以及感觉的表达，你曾经被给予什么样的信息？

3. 在每天的生活中，仔细地留意自己什么时候被激怒了；然后，在当下问自己："现在我想要的是什么？""我借口做一些什么事，难道是为了隐藏自己的欲望？"

4. 仔细地留意，在什么情况下你觉得自卑？在这种情况下，你对让你感到自卑的人，有着什么样的感觉？

5. 留意自己什么时候有所抱怨？在这些情形下，你可能正压抑着自己什么样的能量？

二、学习表达

1. 你对表达出自己的愤怒、悲伤、喜悦和性能量，有着什么样的害怕？害怕自己怪诞不经？害怕这样的行径太过火了？害怕失败？害怕受到惩罚？

2. 与自己定下表达的契约——在内在对自己许下承诺，让自己冒险表达出过往的压抑。

三、学习接纳

当自己的感觉或是能量出现的时候，像性能量、愤怒、悲伤、罪恶感、恐惧、贪婪，或是其他任何一种欲望，开始观照着它们，并留意：

1. 每一个感觉和能量，在身体里引起了什么样的感受？它出现于你身体的哪一个部位？它如何影响了你的呼吸？

2. 当这份感觉和能量没有受到批判或压抑时，它会呈现出什么样的自然流动?

第22章 性与情绪化小孩

在性行为的过程中，我们是脆弱的。而当我们脆弱时，内在情绪化小孩会很容易接管我们当时的意识。然而我们却很少了解，自己性能量的运作是多么地受到内在情绪化小孩的掌控。事实上，性行为是生活中最能够暴露出自己内在创伤的行为之一。除非我们能够对创伤是如何受到引发和牵动有所理解，否则，我们就会很容易在做爱的过程中陷入情绪化小孩的反弹行为中，导致性生活变成只是一种持续的上瘾、反弹、幻想、充满妥协或期待的行为而已。

如果我们不愿意回到内在来感受做爱过程中有时候会浮现的脆弱感，那么我们在当下就必须要做些事情来对自己或是情人隐藏起这份脆弱。我们内在对受伤、被遗弃、被羞辱、被吞没、被施虐的恐惧是如此强烈，以至于我们可能使用各种不同的补偿机制来避开对它们的感觉。而这样的情况就创造出了亲密关系中的问题，因为我们渴望与对方深深地融合，而这些恐惧和防卫行为却阻挡了我们的融合。在我自己的经验中，除非我们能够对自己性行为过程中被触动的创伤以及掩饰创伤的方式有所了解，否则不可能和他人享受爱的流动。

最近，有一对伴侣因为性生活方面的问题，来找我进行咨询。他说，他发现自己被另一个女人所吸引，因为对方没有那么多的性要求；而他的太太却是索求无度，简直令他抓狂。同时，在和伴侣性行为的过程中，他丧失了勃起的能力；但是与这个新女友在一起时，他却一点问题也没有。他也表示自己并不想继续与新女友保持暧昧关系，因为他仍旧深爱着他的太太，只是他觉得很迷失，不知道要如何面对他们之间的性困扰。而女方则觉得她需要用心觉察自己，来理解自己强烈的性欲。她发现很大的因素是来自没有感受到他的陪伴，因此需要提出更多的索求，以确保他是爱着她的。

情绪化小孩如何出现于性行为过程中

当情绪化小孩感觉到害怕被遗弃，或者感受不到爱以及安全感时，这些深沉的恐惧就会很容易出现在我们的性行为中。我们可能变得索求无度，或是畏缩停滞，以掩饰内在害怕被孤零零地留下来的恐惧。我们问刚才所提到的夫妻，双方是否愿意告诉对方，什么能让自己感受到安全与被爱?

他说："首先，我需要你接受我的本然面貌，同时允许我可以做自己想做的事。我爱你，也想与你海誓山盟，只是无法忍受你的索求无度。每当感受到索求的能量，我只想逃开，而我的性能量也因此全然丧失。"

她回应："我听到你说的话，也不想索求无度来吓到你。但是，我需要知道你真心想和我在一起，同时愿意花些时间与我共处。"

他事实上可以聆听她的担心与恐惧。

当他感受到窒息与索求时，他的情绪化小孩会借由拉长距离与外遇来反弹。然而，如果当他需要自己的空间与时间时，他可以学习设定界限，同时愿意安排时间与她共处，他也就能从情绪化小孩的空间逐渐蜕变为成熟的大人。而当她感受不到她所需要的爱时，她的情绪化小孩则以索求无度来反弹。如果她可以学习接纳自己的恐惧，同时了解填满她的空虚并非他的责任，她也就能从情绪化小孩逐渐蜕变为成熟的大人。

性行为过程中的羞愧、惊吓与机能失常

性行为的亲密就如同生活中的其他情境一样，可能会强烈地触动自己内在深沉的惊吓和羞愧感。曾经遭受过任何形式性伤害的人，一旦和他人有性方面的接触，很可能马上会引起内在的恐慌。通常，我们甚至不知道究竟发生了什么事，但是身体却有所记忆，而以可以保护自己的方式来响应；我们可能让自己当下出了神，或是身体不由自主地无法运作。而事实上，不见得是小时候的性伤害事件，才会造成我们性方面的严重惊吓和羞愧感。

例如，小时候如果我们在性方面感受过强烈的压抑和批判的能量，那就足以造成我们性机能的失调。我们的性机能状态可能以如下的创伤外显行为呈现，像是性无能、早泄、无法高潮、性器官的紧绷或疼痛，都是自己内在惊吓和羞愧感的外显行为。它们可能来自无意识中任何形式的性伤害或其他的创伤，例如很多男人非常害怕被压制操控型的女性能量阉割；而很多女人则对粗暴的男性能量伤害怀抱着深沉的恐惧，同时也害怕自己因为无法满足对方而深感羞愧，甚至担心对方会因此而离开。

我们很多人甚至不敢承认自己内在的这些恐惧，更别说将这些感觉与对方分享了。因此，我们取而代之地发展出行为上的补偿机制。我们可以计谋多端地来掩饰自己在性方面的恐惧，再加上性能量本身是如此充满动能，所以我们很难搞清自己究竟是以什么样的方式进入了补偿行为中。我们的防御机制之一是尽可能地操控对方，像是要求、期待、教导、切断、压制对方，变成是一种性的表演。另一个极端是，我们的防御机制可能让自己出神游

离，或是在自我批判的声音中放弃了。因为这些恐惧实在是太强烈了。

最简单的方式似乎就是让身体继续停留在性行为的动作中，但是意识已经去了别的地方，没有待在当下了。只需要刹那的时间，就能让我们陷入惊吓而游离现场。通常，我们并不知道究竟发生了什么事，但是非常轻微的触动就能引发过往隐藏的创伤，然后刹那间自己就出神了。同样的，非常轻微的触动也能引发过往隐藏的羞愧感，然后刹那间自己的能量就萎缩了，就好像是突然之间，我们觉得糟透了，只想离开现场，躲藏于羞愧之中。但是，我们仍旧让自己找到了一些方式来掩饰这一切，像是让自己更努力或更急促地做爱；我们可以因此而变成一个做爱的机器，做尽所有的动作，却对潜伏的羞愧感毫无觉知。

当情绪化小孩出现在我们的性能量中时，不只是我们的创伤会在我们的性欲中出现，我们也虐待了对方。有时候，我们可能深陷于放弃感中；而有时候，我们可能想要（而且需要）变得狂野，而不让任何事物或是任何人干涉我们的性能量。这股狂野基本上只是过往压抑经验的自然反弹，麦当娜非常淋漓尽致地表现出了西方文化中的这个部分。然而，一个人的狂野很可能让另一个人陷入惊吓中，然后这个感受着狂野能量的人的性能量则会为对方的惊吓和放弃感所压抑，结果双方都觉得很痛苦。如果情人之间缺乏信任感和敏感度，这样的两极化将会造成彼此的伤害、误解甚至分手。

我在自己的性能量上，曾经经历过许多的羞愧和内在的挣扎。当我越亲近另外一个人时，我也就变得越敏感，内在的不安全感也就越容易被激起，结果是造成自己的早泄。我试尽所有的方法来克服这个问题，像是造访性问题治疗师，做道家以及瑜伽的练习，挤压这里，紧缩那里，经由一个鼻孔呼吸，倒立，却一点也不管用。我曾经因此而觉得非常羞愧与无助，几乎想要彻底放弃自己的性生活。但是，自从和阿曼娜在一起，它再也不是一个问题。症状并没有完全消失，但是因为我们之间有这么深的爱和关心，所以重要的是我们之间的联结，而不是技巧。在这样的氛围中，我们可以允许彼此的任何状况。它不是教科书中描写的完美状况，但是，谢天谢地，那真的无关紧要，我再也不需要与任何人较劲。

性行为中的戏码

当情绪化小孩主宰了我们的性能量，而我们却没有觉察到这个状况时，就会出现许多问题，因为性能量是情绪化小孩的行为和感受出现的绝佳舞台。一方的情绪化小孩会触动另一方的情绪化小孩，所以很快就不再是两个成人试图做爱，而是两个恐慌、不信任、羞愧的小孩面对着彼此。再者，在这样的情况中，根本就不可能有所沟通，也不可能安全地表露自己；因为我们内在是如此的充满伤害及被背叛的感觉。

然而，当我们能够了解情绪化小孩是怎样在性方面受到触动的，整个情况将会因此而有所转变。首先，我们必须意识到，这是我们的被背叛被压抑的愤怒、不安全感和恐惧很容易就会被激起的一个舞台。根据我个人的经验，如果认为我们可以不触动这一些感觉，就能够直接经历和体验到深沉而真实的性关系，是一种天真的想法。事实上，我们渴望亲密的重要原因之一，正是为了我们内在想要治疗这一切的创伤。所以，我们必须学习辨识什么时候这些感觉受到了触动，而且建立足够的信任感来彼此分享这些感觉。

我有一对认识多年的伴侣朋友，他们的性生活非常不好。女方觉得男方非常不敏感，男方则觉得女方压抑了他的火焰。但是他们之间情感深厚，所以愿意共同面对这个问题。在一个工作坊中，女方探索到过去的一个性伤害事件，这说明了为什么她对与男人的性行为充满了恐惧；而这同时也让他开始对有过这种创伤经验的伴侣有所了解，因此能够以一种新的方式来经验他们的性生活。

男方则清楚地看到自己小时候的狂野能量是如何受到压抑，而且他目前狂野的性能量中，有时候多少蕴涵着来自过去受到压抑的愤怒；他同时意识到了自己有时候在性行为中以不适当的方式表达了自己的狂野，所以他开始学习引导这股能量在生活的其他领域流动开来，像是舞蹈、能量流动的工作。现在，他们的性生活已经有了蜕变，双方都负起责任在自己的问题上工作并成长，同时看到自己的情绪化小孩对对方所造成的影响。他们和我分享他们目前的状况，现在在做爱的过程中，他们可以体验并且彼此分享当下的任何状况——不论是恐惧、眼泪、温柔的融合还是全然的狂野。

性行为中的层次

在工作坊中，我们会使用一个简图来帮助说明，如何觉知到情绪化小孩对性生活造成的影响。第一个层面，也就是最上层，是我们通常的状态。焦点在于享乐、刺激与高潮。这通常是恋爱初期的性状态，我们称之为“蜜月期的性生活”，充满乐趣、狂野、自由和满足感。不幸也是幸运的是——在于我们如何看待它，这种性生活通常不会持续很久，因为我们的关系互动与性能量会渐趋复杂。

同时，在这种性能量中，我们很容易陷入补偿机制或是表演行为中，因为我们会不惜任何代价保持这份热度与兴奋，来证明自己是个好情人。这个层次的性行为可能会带着物化的危险，也就是使用对方来达到“性高潮”。这样的状态，很容易就会陷入性的上瘾，因为我们会使用它来避开内在的脆弱。再者，也很容易就会背叛自己的敏感度，因为我们做爱的时候，很可能会失去与内在脆弱空间的联结。

第二个层面，中间这一层，我们开始能够待在当下，感受着自己“内在”在做爱过程中可能引发的恐惧、不安全感和惊吓。我们开始能更敏感地感受到自己的羞愧、惊吓、受到背叛、不信任、害怕被拒绝或是遗弃这些创伤的出现；同时开始觉知到对方如何引发了我们的创伤，而我们过去是用什么方式在自动化地反弹的。

第三个层面，也就是底层，是一个双方都可以在信任、理解、亲密的氛围中，彼此融合或者是进入狂野的空间。彼此能够敏感地感受自己和对方的情绪以及能量状态，这是一份彼此之间的融合与协调。至少根据我个人的经验，我发现这个层面的特色之一是双方都不再聚焦于是否达到高潮，或是表现得良好与否。

当做爱的焦点在是否达到高潮时，通常那就是一个清晰的信息，邀请带着期待与挫折的情绪化小孩介入性行为中；而在这底层，焦点则集中于彼此在一起。然而，就像是在这份工作中我们所使用的任何一个简图一样，并不是其中一个层面比另一个层面要好，我们只是用这个简图来帮助自己看到以及感受到当下自己的真实状况。这样的觉察过程会很自然地把我们带向更深的意识层面。不带目标，也没有偏好，我们可以在没有惯常自我批判和催迫的氛围中观照着自己。

性行为的三个层次

第一层：情绪化小孩的策略，如控制、期待、索求、任性、脱离、报复、反弹、上瘾。

第二层：情绪化小孩的创伤，如惊吓、羞愧、机能失常、罪恶感、受虐的恐惧、被遗弃或拒绝的恐惧、被吞没或羞辱的恐惧。

第三层：成人状态，聚焦于当下彼此的联结、融合、信任、放松、能量的自由流动。

成长练习：

将觉知带入你的性生活

1. 开始观照着自己性行为的过程。

（1）留意到什么时候你开始觉得恐惧、不安全、不够好、挫折。

（2）留意到是什么特定情况触动了你这些感觉。

（3）留意到在这些情况中，通常你是如何反弹的。

（4）留意到你是否因为这些感受而指责对方。

2. 现在，留意在你惯常的反弹防御行为之下潜伏着什么。

（1）你的受创小孩被引发了什么样的恐惧?

（2）仔细地重温我们在这本书中所处理的五种创伤，并且写下这些创伤有可能如何在性行为中被引发?

3. 如果将这些恐惧让你的伴侣知道，对你而言感觉起来如何?问你自己：“如果将这些恐惧表达出来让他知道，会是怎样的一种情况？”

4. 花一些时间来探索或者写下你的强烈欲求和渴望中，哪一些和你与他人之间的性能量有关。

第23章 摆脱角色的枷锁

小时候，我被灌输了一个很强烈的信息，就是世界上唯一有价值的职业就是医生。我的父母以语言及非语言的信息告诉我，我这一生要做什么都可以（只要这个职业是医生）。我的父母都不是医生。我的父亲因为经济状况不允许，加上视力不良，而无法上医学院。我的母亲借由浴室里的药柜研究医学，她在药柜里收藏了从我们所居住过的世界各地收集来的各式各样奇特的药剂、药膏和药丸。其中她最喜欢的就是一种意大利的皮肤药膏，她坚称那个药膏可以用于各种皮肤问题，不管是感染、过敏还是蚊虫叮咬。我那个因此而读医学院的哥哥曾经带了一本哈里森（Harrison）《内科学》（*Textbook of Medicine*）的影印本给她，让她医术可以更精进，而她把它当作床边故事书来读。

我的重点是，我被制约成认同当医生才能成为一个有价值的人。而我的父母这样做其实是带着最良善的意图，他们认为帮助别人是人生最终极的使命，认为当医生是服务大众最好的方式，而且还能提供经济上的独立与富足，又能受到尊重，集所有好处于一身。

找出反映我们自然本质的角色

然而，我必须找寻我自己的道路，而不是盲目地遵循他们为我安排的路径。虽然制约的力量非常强，我的内在却也有相当强大的力量要去找到自己。大学之后，我进入医学院就读，但一星期之后我就放弃了。在那之后的几年，我努力去寻找自己的道路。我在国家和平组织待了两年，在法律学院度过糟透的一年，然后在俄勒冈和加州的小区过了两年嬉皮士的生活。然后，我回到了医学院。我知道以某种方式在人们身上工作是我的天职（当然嬉皮士似乎与这不符），但当我必须要决定自己的职业时，我所能想到的就是医生。念完医学院，并成为家庭医学科的住院医师之后我才明白，我所要工作的方向并不是生理上的疾病。最后，我才发现自己的追寻终点是带领团体帮助人们去爱惜自己与他人。经过漫长的旅程，我终于找到并深信这就是我的道路。

大部分的人都已经被制约成为满足身边人期待的人，而没有机会学习找到属于自己的道路。如果我们没有被支持鼓励找到自己独特的个体性，我们就会发展出最原始的羞愧感，并怀疑自己主导自己人生的能力。我们感觉不到自己是谁，我们的内在会有一份深切的渴求，想要找回自己，而且想要找到我们在幼年时期没有发展出来的自信。

有很多我们工作的对象过着不快乐与不满意的生活，而且待在一段不快乐也不满足的关系里。奥斯卡和一个女人建立起一个家庭已经二十二年，有三个孩子。他表示自己从来没有爱过她，但是因为太强的罪恶感所以无法离开她。马丁在一家律师事务所工作了三十年，他其实一直很厌恶这份工作，然而太强的恐惧感使他无法离开，因为他不知道自己还能以什么方法来养活家人。他一直想成为一个园艺设计师，但是又觉得那样的职业没有面子。

如果我们能从事自己内在天赋注定要做的工作，将会为我们的内心带来意想不到的快乐。那就像是我们找到了属于自己的天命，存在将借此经由我们来彰显它神圣的能量。这样的了悟，来自内在而不是头脑。来自头脑的信息多半是基于恐惧而发展出来的理性声音，而且大部分是我们从家庭环境所接收到的信息。如果想要找到自己独有的特质，我们必须逐渐与这些信息以及内心的恐惧保持距离，并学习信任自己的直觉本能。

我们对于角色的认同会变成禁锢自己的一道枷锁

如果想要得到真正的自由，只是去找到自己天命所归属的角色和工作是不够的。如果我们太过于认同自己的工作或所扮演的角色，即使我们可以在其中得到让自己满足的创造力，它还是可能会变成禁锢我们的枷锁。我们必须迈出更深入的一步，就是别让自己完全认同于自己所从事的职业，自己的职位、学位或所扮演的角色。

> 我们不只被制约扮演某些角色以满足他人的期望，
>
> 我们同时也被教导以自己所扮演的角色定义自己是什么样的一个人。
>
> 这造成了无止境的枷锁。

我们会进入某些角色是因为我们可以从中得到好处——得到认同、尊敬、赏识、爱、被重视，甚至还有财富。然而，如果我们过于认同自己的角色，那和被情绪化的内在孩童所主导的情形差不多。

有一些常被滥用的角色，其中最诡异的就是“灵修的师父”“知道答案的先知”。我几年前跟随的一位精神上的导师常说：假的灵修师父死后将投胎转世成为蟑螂。不久前他过世了。我希望他现在不是某只在某个角落乱窜的蟑螂。我和阿曼娜通常会持续地旅行，带领约五六个一系列的工作坊，然后回到我们在塞多纳（Sedona）的家。在带领工作坊期间，我会得到大量正向的投射（有时候也会有一些负向的）、赞扬甚至奉承。当我回到家的时候，通常会感觉到好像有人忽然把灌溉自我的水龙头关掉了。直到我慢慢比较清楚发生了什么事，我才明白自己为什么忽然开始感到焦躁不安、情绪化和失落。幸运的是，我很明智地知道，这种对自我的滋养并不是生命所想要的，至少我的生命不想。我喜欢当团体带领者，也喜欢这个角色的强度。但是我留意着不让自己依附于这个角色的扮演，如果我偶尔上了钩，阿曼娜会提醒我。

我们在关系中所扮演的角色

我们在关系中也会附着于某些角色。这些角色让我们有安全感、一致性和可预期性（稳定），但是它们摧毁了爱。很多我们所认识的朋友，或是参加过我们工作坊的情侣，都是因为在关系中一个扮演小孩，另一个扮演父母，而对关系造成破坏。或者，一个扮演学生，另一个扮演老师。又或者，一个是强而有力的控制者，另一个是虚弱无力的手下。再不然，一个严肃而有责任感，另一个不负责任、漫不经心、充满孩子气。这样的现象特别经常出现在情侣之间，但是它也会发生在我们大部分重要的关系中，如与父母、小孩、朋友、同事及权威人士的关系中。

还有一些其他的角色，也是我们常常会扮演而且深切认同的。最受欢迎的角色就是拯救者，总是强烈地想要帮助、教导、疗愈别人，或是给别人建议（而且通常是别人并没要求的时候）。帮助别人并没有不对，但是如果我们太执着于它，便会造成问题。在工作坊里，我们常常看到学员不由自主地去帮助正在经历痛苦的人。我们必须适时提醒学员，放手让对方去体验那个痛。曾经当我们试着提醒某位女士，让她知道帮助别人避开痛苦并不是真正的爱时，她觉得很困窘。事实上，她之所以这么做，很多时候是因为她害怕自己的感觉。

另一个同样常见的角色是受害者，通常是愤怒的受害者。我们的伤痛与受苦会导致我们认同无助和无力的感觉。还有，我们或许曾经学习到以责怪、抱怨或乞求来得到注意力。有时候，我们太过于习惯于让自己的感觉与行为举止都像一个受害者，甚至无法想象如果不再做受害者，人生会变成什么样。有时候，我们要求学员留意自己是多么经常地在责怪和抱怨他人，同时在留意到的时候把它写下来。令人惊讶的是，这个简单的练习会激发出许多的抗拒。

接下来就是老板、控制或是暴君的角色。人们会非常享受这个角色的权力，导致过于融入而忘了那只不过是个角色而已。处于这个角色的人，几乎在任何的亲密关系中都处于一种完全控制的状态。而潜伏在这个控制而主导的角色之下的，是对于自己内在敏感、脆弱的巨大恐惧。并非每一个人都有意愿与觉知去感觉自己敏感脆弱的部分。

这些角色相互应和。拯救者需要受害者，反之亦然。受害者会引发和牵动大部分人内在的施暴者，而一个标准的暴君则会胁迫周遭的人陷入他们潜在的受害者的角色里。父母太沉溺于父母的角色，就会以不支持孩子成长的方式来残害他们的孩子。孩子太依恋孩子的角色时，就会拒绝长大。老板不愿意交出他的权力，因为他认为没有人能做得比自己好，他把周围的人都当成小孩看待。其他的以此类推。

我们会无意识地进入这些“免费附赠”的角色，是因为那可以维持一个稳定的现状，是安全而熟悉的。而要摆脱这些角色，需要有勇气去冒险。我们总是需要妥协自己来遵守角色的契约，因为内在受创小孩的恐惧实在太强烈了，所以我们心甘情愿委屈自己，至少委屈一阵子。这些妥协，包括明确同意和默默允许，彼此不做出任何动摇双方既定协议之舟的行为。

摆脱这些角色

问题是，我们要如何摆脱这些自己曾经紧紧依附的角色呢?根据我的经验，这个旅程可分为三个向度。第一，我们需要更多的资源帮助我们建立自我的形象。有两种方式能让我有这样的洞察力。一是经由静心。在静心中我可以清楚地感觉到，有一种满足感远远超越那些对自我的滋养。我也能看到，满足自我只能滋养我存在的表层，它无法真的滋养深层的内在。然而，在静心中，我有时候可以进入某种似乎能滋养我整个存在中心的状态。

在爱中，在一段持久而持续深入的关系中，我也了解到自我所扮演的角色并非我生命的全部。相反的，生活在自我的角色中并沉溺于某些角色，会阻碍爱的发生，也会阻碍我去感觉我们之间分享的珍贵片刻，阻碍彼此关系的深入发展。当我无意识地陷入老师的角色而开始教导时，我们之间的联结就会受到干扰。就好像我从一个敏感细致的空间，转换到了一个较为原始粗糙的状态。

有时候，角色的突然落空会带给我们惊吓。一位女士曾分享道，当她和结婚三十年的丈夫离婚后，忽然之间，她不再是一个妻子，也不再是一个大房子的女主人；因为她的孩子都成年了，她也不再是一个妈妈。她感觉像掉落到了生命的谷底。所谓的“中年危机”差不多就是这样，发现长久以来赋予自己生命意义的角色是如此虚幻而无意义。那是存在（或者是上帝）在说着：“醒来吧！那并不是生命的全部！”

在那个片刻，我们可以有所选择。我们可以选择垮下来陷入挫败，或是把我们的能量用于找寻新生命的真正意义。我们曾经在瑞典与不同的团体带领者共同带领过一个为期一年，总共十周的团体（训练课程）。那是一个非常深入的经验，它彻底改变了参与学员的人生。有动机并且承诺来参加这个团体的人，大部分都是在生命中面临着类似的危机，正寻觅着指引以找到新的生命方向。而他们都找到了。

摆脱对于角色依附的第二个部分，就是能够认出并感觉到自己正在扮演某个角色。要做到这一点的方法之一是询问自己："我有多么沉溺在这些角色里？""我从这个角色得到了什么好处？""如果不再扮演这个角色，我会有什么感觉？""如果我不再扮演那样的角色，别人会怎么看待我？"当我们开始询问自己这些问题，我们就开始对这些角色有了一些质疑，也就等于成功了一半。

为了要对这些角色以及我对它们的依附有所觉知，我们也可以试着去感觉自己对于这个角色的依附。当我更进一步地检视这些角色，我开始可以感觉到自己是否沉溺于其中。我可以从内在感觉到有些基本的联结中断了，包括我和自己的联结以及和其他人的联结。如果关系越亲密，当我们在扮演某个角色时，越容易强烈地感觉到彼此联结的中断。

而且，每个角色有不同的感觉。父母的角色有某种感觉，小孩的角色又是不同的感觉；精神导师有某种感觉，追随者又是不同的感觉，以此类推。去感觉这些角色的其中一个方法，就是去感觉我们在角色里是如何与别人联结，而别人又是如何回应的。每一个角色都会影响周围的人响应这个角色的态度，以及和这个角色联结时（对于它）产生的投射和反应。

当我在“团体带领人”的角色中时，我可以强烈地感觉到这些。了解学员对我有什么期待以及如何看待我，对于我的角色来说是必要的，也是这个工作的一部分。拒绝这些期待，或者是抱怨，是孩子气的行为，而且会伤害那些为了这些期待而来的人。然而，当我不再处于这个角色时，我需要学习放下这些期待。我们一位很要好的朋友是个世界知名的歌手，某次她参加一个宴会，居然没有人认出她，她觉得很奇怪。之后，她半开玩笑地告诉我们：“难道他们不知道我是谁吗？”通常，如果我们太过于沉溺于某个角色，我们甚至在亲密伴侣面前还持续扮演着那个角色。有位我们熟识的朋友，是个成功的团体带领者，但是他从未能放下对这个角色的认同，即使是跟女朋友在一起的时候。自然而然地，她们跟他相处一阵子后，便离开他了。

这引导我们来到摆脱对角色依附的第三个向度。如果我们想要走出这样的禁锢，我们必须邀请亲近的人，在我们无意间迷失于角色时提醒我们。角色会阻碍亲密关系，但是我们很容易忘记这个要点。所以，我们需要某人带着爱，在我们迷失时提醒我们。阿曼娜会为我这么做，因为我邀请她这么做。我并不是随时都能分辨出自己是否被角色所淹没了，而她的提醒帮助我适时看清楚。然而，如果我还是想要沉溺在角色里，这个方法就不管用了。而她知道我不想沉溺于角色中。

放下对角色的依附并不是容易的事。然而，如果我们真心诚意地想追寻属于自己的真理，我们就能看清角色并不代表我们的本然面貌。有些时候，扮演某些角色，完美地演绎它们，是非常适当而必要的。但是，一旦我们过于沉溺在其中，就会迷失在满足自我、而与自己内在中心及他人失去联结的世界里。

摆脱角色

1. 找到为自己的真理而活的勇气，而不再活在别人的期待里（为别人的期待而活）。
2. 看清我们并不等同于自己所扮演的角色。
3. 认清自己如何认同了某个角色。
4. 感受一下当我们在扮演某些角色而沉溺于其中时，内在有什么样的感觉。
5. 感受一下当我们扮演某些角色时，我们是如何跟其他人联结，他们又是如何与我们联结的。

成长练习：

摆脱我们附着的角色

1. 列出三个你在生活中扮演的主要角色。如老师、照顾者、疗愈者、修行者、老板、丈夫、妻子、父母、小孩、追随者（部下、喽啰）、精神导师、受害者等等。

2. 在每个角色中，什么是你觉得好的？什么是你觉得不好的？你觉得这个角色很适合你，还是为了取悦别人而扮演这样的角色？

3. 你从每个角色里得到了什么样的自我满足？

4. 如果你失去这些角色会怎么样？

5. 如果你失去了这些角色，别人对你的看法会有什么样的改变？

6. 不再扮演这些角色会有什么好处？

第24章 关系互动与情绪化小孩

路易吉想要参加我们在意大利的训练课程，因为他认为女人都是那么盛气凌人，所以他想要学习一些方法来面对这个情况。他真的觉得已经受够了，所以想要学习如何面对这个情况，只是他难以看到其实女人不是问题的所在，他本身才是。

当情绪化小孩看着外面的世界时，每一个女人都可能是盛气凌人的操控者，而每一个男人都可能是支配型的大沙文主义者。事实上，对方基本上没有什么问题，关系本身也不是问题，真正的问题在于我们必须清楚，是我们内在的哪一个空间在向外联结，当我们由无意识的情绪化小孩的空间往外看着世界时，问题就会不断出现。就像我之前提到的，当我们在缺乏理解的情况下与某人进入关系，通常是无意识地受到内在羞愧或遗弃创伤的支配。羞愧创伤想要获得认同与肯定，遗弃创伤想要确保对方永远的陪伴与贡献，不信任的创伤想要对方永远不会背叛我们的信任。

是谁在互动联结

有很长一段时间，我受到吸引而以各种互动技巧来帮助自己以及我所工作的对象改善亲密关系。这些互动技巧很有帮助，我们有时候会运用在工作中。但是基本上，在这些技巧真正发挥效益之前，需要先有一份更深入的理解。真正的关键点在于——辨识是自己内在的哪个部分在互动？我们当下与外界的互动，来自内在的情绪化小孩，这是来自具有足够空间可以与互动中的失望、误解待在一起，而不迷失于责备、占有和冲突中的内在空间？我们的互动是来自内在的恐慌空间，因而迷失于自己需求的狭隘视野中，还是我们能够在关系中放大视野来感受、关怀对方？

基本上，能够改善我们关系互动的，
不是技巧、协议或是试图有所不同；
真正能产生效果的，是对内在情绪化小孩的觉知。

当我们对内在情绪化小孩的心智状态毫无意识和觉知时，任何技巧、协议、试图改善的努力，都不会带来任何效果。因为在这些时髦的字眼下面，随时潜伏着所有我们内心的期待、反弹行为、希望、幻象和挫败感。

借由对情绪化小孩行为和感受的深层了解，我们就可以知道自己当下的互动来自内在的哪个空间。通常，我会看到自己很自动化地进入了情绪化小孩的空间，同时知道如果我当时有所行动，一定会产生冲突。因为能够感受到情绪化小孩接管了当下，所以我在现在的生活中能够有所选择，而不需要进入它的反弹行为；或者自己已经开始有所反弹，但是我可以快速地捕捉到自己的行为。

有时候，我变得情绪化、坏脾气，什么事都不对劲，觉得自己像一个彻底的失败者，给不出任何有价值的东西，生命似乎毫无意义，周遭的任何人、事、物都令我感到厌烦。我知道那只是情绪使然，而且即使它是那么的浓郁，也终将过去。但是在当下那个片刻，仍然会轻易地进入对对方的索求、期待、挫败感；而当对方无法陪伴我们时，就觉得没有得到爱而深感失望。

关键在是谁在订定协议，而非协议本身

人们可能试图通过彼此订下协议而把意识带入他们的互动中；但是再度地，我们必须问自己：是内在的哪个空间在订定协议？如果是内在情绪化小孩的空间，任何的协议都无法持久。例如，我所见过的最寻常的协议之一，是关系中的双方彼此不能有外遇。如果这样的协议内容，来自双方经由内在自我个体性的追寻而达成的理解与共识，那就没有订定协议的必要了，而就只是一份单纯的彼此分享的理解。

但是通常它似乎是来自一方或双方想要讨好、安抚对方，或是压抑某些东西，那就只能维持短暂的时间；因为通常发生的情况是，我们设定了这样的协议，但是之后又因为隐瞒与罪恶感而破坏了彼此间的约定。我在工作中无数次看到过这样的情况，我自己也一度处于这样的处境里。事实上，想要或者是假装让自己和当下真实的自己有所不同，是从来不会奏效的。

再者，我们也不会因为彼此订下协议就有所改变；因为我们的变化来自觉知。我们不可能因为自己想要或者彼此同意，就能够让对方或自己变得更敞开、更愿意分享、更诚实、更有责任感。人们通常会因为一方没有得到对方足够的陪伴而觉得受挫，因此而订定要多花一些时间彼此在一起的协议。我过去经常处于这样的情况中，而且我总是那个忙碌于其他事情的人；于是我会经常因为内在的恐惧，而同意要多花一些的时间和对方在一起。那个时候，我就是喜欢独自做一些手边的事情，胜过于与女友的互动。那时候的我，对于亲密关系之间的互动所知有限，所以不知道如何彼此分享计划外的时间，总是习惯性地随时忙着。然而，现在情况已经不同了，一部分原因是我和阿曼娜的相处是如此没

有索求与期待，另一部分原因是我已经慢慢地（非常缓慢地）学会放松自己。

自我敏感度有助于增长对他人的敏感度

对自己的创伤越敏感，我们也就能够对他人的创伤更敏感。对惊吓、羞愧以及被遗弃恐惧的敏感，能够让我们变得柔软。当亲身感受过羞愧的感觉之后，我们就不会去羞辱另一个人。一旦了解了何谓惊吓，我们就可以清楚地看到他人眼中、脸部、身体姿态中的惶恐。当了解了自己对于分离以及遗弃的恐惧时，我们就难以唐突地离开对方。

这份敏感度同时也适用于琐碎的事务中。当感受过某人对我们不负责任的感觉，比如有人告诉我们会去做某些事，结果却没有做时，是怎样一种感觉；别人对我们撒谎时，又是怎样一种感觉，我们就不会让自己不负责任。最近，我的一个好朋友和我分享说，他刚刚发现交往七年的女友竟然私下有一段已经进展一年多的外遇，而他完全不知情。这种不诚实令人感到痛苦，而且它只会发生在两个人彼此并没有真的待在当下与对方在一起的情况下；当两个人都待在当下时，即使是最轻微的干扰，或是彼此之间的不真实，双方都能敏感地感受到。越深入亲密关系，我们的恐惧也就越强烈；我们无法使对方不感受到恐惧，但是不在意地去引发对方的恐惧，也是缺乏关爱的举动。

至于尊重彼此界限的情况也是如此，如果双方能够共同理解允许对方真实地做自己，就能够加深彼此之间的爱与信任。我所学习到的最重要的课题之一，是我的爱人的情绪以及灵性的成长并不是我的事；我内在想要矫正、改善、引导他人的那个部分，对亲密关系并没有多大的帮助。事实上，如果我们想要加深彼此之间的爱与信任，我们就必须对自己内在企图不惜手段来控制对方的部分有所洞见。

例如，彼得已经和我们一起工作了数年，在最后的一个团体中，他抱怨自己这几年的内在工作仍然无法让自己建立起良好的亲密关系，这让他觉得很受挫。但是他没有看到自己冲动的反弹行为，有时候当对方没有留意到他时，他就变得暴戾，任性地索求，而且总是认为女人想要占有他。

不只是对于情人，甚至是任何一个人，我们的情绪化小孩总是想要和对方分享我们对任何事物的观点。情绪化小孩想要周遭人、事、物的一致性，以让自己觉得舒服。因为发现有人的思考或行为和自己有所不同，或是不符合我们对他的期待，会让我们的情绪化小孩受到很大的惊吓；所以，我们总是会和一群在政治、社交方面和自己有相同观念的人聚在一起，甚至批评那些和自己观念不同的人。这种情况在俱乐部等场所可能是蛮理所当然的，但是在亲密关系中却不然；相反的，实际上我们通常会吸引和自己不同类型的人，从而让自己有机会走出熟悉的惯性模式，并且挑战自己的恐惧。越是亲近某一个人，我们的情绪化小孩越是需要提早面对那份发现对方与自己有所不同时的失望，而且通常是在非常基本层面上的不同。对情绪化小孩而言，这种情形可能会引起焦虑、生气甚至是绝望。

情绪化小孩无意识的联结

为了要达到有意识的联结状态，我们必须把情绪化小孩先摆在一边，让自己清楚地检视彼此之间能够分享的理解和观念有哪些？而哪些是彼此无法分享的？哪些是我们共同拥有的？而哪些不是我们共同拥有的？事实上，我们需要对自己生活各个领域的关系进行这样的检视——检视彼此对亲密关系相似或是不同的观念；检视各自的自我消遣方式，哪些可以彼此分享？哪些是无法分享的？自己喜欢怎样消磨时光？喜欢以怎样的方式做爱？喜欢吃些什么？对于环境清洁的标准又是如何？喜欢什么样的灵性追求方式？等等。当彼此越亲近，即使是生活中琐碎事务的分享，也就越显得重要。基本上，我们需要开始看到对方的真实，同时准备好自己，当彼此之间不一致时，可以回来感受内在情绪化小孩的失落沮丧。

当我们摘除了情绪化小孩的面纱之后，有很多事情会开始变得清晰。其中之一是，即使我们处于受伤、害怕、不安全感中，事实上并没有人可以满足情绪化小孩的非理性需求；而当这些需求没有得到满足时，可能就会引起内在的波动。因此，如果想要拥有亲密关系，我们需要学习的是放弃情绪化小孩的神奇幻想，并且面对随之而来的恐惧。朋友之间的情谊以及爱情故事，可以说是我们学习这门艺术的最佳舞台。我们可以拥抱彼此，并且知道我们可以敏感同理对方的恐惧和痛苦，而不需要拯救对方远离这些感觉。

同时，它们也是可以教导我们如何设定界限的理想舞台；当我们对自我尊重有所学习之后，我们就很少再会受到侵犯。最后，我们可以学习到：拥有自己的空间并不需要得到对方的允许，我们只需要愿意回来面对自己内在对遭到拒绝和否定的恐惧。只有在我们认知到自己基本上是一个孤独的个体时，爱与信任才有可能绽放；在这样的氛围中，任何一件事情都是可能的。因为爱将带来彼此之间深沉细腻的敏感度，即使我们内在都携带着对于性行为的恐惧以及过往的创伤；但当对方真正深爱着我们时，他也会理解并且尊重我们对于性行为的恐惧。

爱，会在觉知中自然地滋长，
我们可以不需要学习太多的规则或技巧。
我们只需要致力于学习了解到，
在每一个片刻，是内在的哪个部分接管了当下的自己。
是情绪化小孩呢？还是归于内在中心的意识层面？

辨识我们的意识状态

孩童意识状态	成人意识状态
投射	清晰地看到对方
因自己的心情不稳而归咎他人	为自己的心情负起责任
对他人不敏感	尊重他人
要求他人给予自己空间	给予自己足够的空间
过低或过度地限制	清晰地设定界限
对于爱的模糊承诺	分享彼此的理解
他人是拯救者	享受与接受孤独
不想感受痛苦与恐惧	接受且愿意感受痛苦与恐惧
期待同一性	欣赏彼此的不同

从孩童意识状态蜕变为成人意识状态

在我们的工作坊中，我们将所有的观察归纳为八个基本要点，以协助从孩童意识状态的互动蜕变为成人意识状态的互动，作为有意识联结的蓝图：

1. 有诚实相待的意愿。

当越来越觉知到我们不可思议的敏感和脆弱时，也就比较容易了解到：我们需要感受到彼此之间的诚实，才能够安心地敞开自己的内心。不论是亲近的情人或是朋友，当我们有所隐瞒时，对方一定能感受得到；即使对方并没有觉知到我们所隐瞒的是什么事情，他的内在小孩还是会有所感觉，而常常无缘无故地让自己抽离或退缩。我想起在最近的工作坊中一个令人感触的实例。

一位男学员在团体中分享自己有了外遇，而没有告诉太太。他相信太太并不知情，而且他们夫妻之间的互动也没有因此而受到影响；然而，他总是觉得夫妻之间无法真正亲密。我告诉他，除非他诚实地面对，否则他们的伴侣关系将永远无法深入。工作坊结束之后，我和阿曼娜巧遇他的太太，她也是我们之前工作坊的学员。她向我们道谢，同时告诉我们她先生上完工作坊之后，他们之间的互动产生了彻底的变化。就某种意义而言，诚实相待是唯一能够让我们拥有彼此的良方；而这是我们可以掌握的，因为我们可以决定是否要诚实相待。

2. 越来越觉知自己的权力游戏，同时有意识地选择放弃它们。

控制、支配、报复这些策略，是我们精心发展的计谋，以让对方符合我们的期待，或是为我们的受伤付出代价。从孩提时代起，我们就已经在使用这些策略，而且每一个人都有他擅长的招数。这些权力游戏是如此的习惯性而自动化，但是它们却暗中破坏了彼此之间的亲密关系。我们总是会等待着对方先放下他的游戏，然后我们才会觉得安全而放下自己的游戏；而事实上这只是另一个权力游戏。在这个节骨眼上，我们必须完全地负起觉知自己的游戏的责任，同时选择放弃它们。清楚自己所玩的权力游戏，同时观察我们所渴望的爱是如何地受到它们的破坏，是我们自己的工作；而冒险放弃它们也是我们本身的职责。

3. 愿意显露自己的恐惧以及不安全感。

分享出让对方有可能借此来伤害自己的一些情况，是一种冒险。但是，我们究竟在防御着什么呢？反正即使对方不是明确地知道，至少也已经直觉地感到我们在害怕些什么，或者有什么样的不安全感；当我们隐藏着恐惧时，对方可能不知道引起恐惧的特定事件，但却至少可以感受到恐惧的氛围。当我们要求团体中的学员表露一些内在的恐惧或不安全感时，通常他们会很惊讶原来对方早就知道。同时，当我们能够分享出彼此的隐藏时，它就失去了它的张力，从而允许彼此之间更为亲密地相处。

4. 放弃改变对方的意图。

当对方没有满足我们的期待，而我们也不因此而试图改变对方时，我们就不得不回到内在来感受当下自己内在遭到遗弃的伤痛。就另一个层面来说，一旦我们放弃了改变对方的需要，我们就能够开始去爱并且接受对方的不完美。或许也可以说，我们会去珍爱对方的不完美。

5. 愿意为自己挺身而出。

有些时候，当我们觉得受到不尊重的对待时，我们需要为自己伸张，为自己挺身而出。这是一个重新拾回自己失落部分的重要课题。亲密关系迫使我们需要去冒这份险，否则我们很容易就会垮下来，陷入沮丧、无助和怨恨之中，通常也会以缺乏尊重的暴力方式来表达自己的愤怒。

6. 愿意接受回馈。

当我们与另一个人越来越亲密时，如果我们无法接受回馈，我们也就拒绝了一个可以从亲密关系中有所学习的重要途径。关系是一面镜子，关系越深入，镜子的响应也就越强烈。我们的言行举止会影响我们周遭的人，如果我们可以持续地对他人对我们的观感保持开放的态度，我们就可以开始对自己有更深刻的了解。然而，重要的是主动邀请回馈，因为允许未经自己恳请的回馈，也是对自己的不尊重。

7. 即使感到挫败，仍愿意承诺待在关系中。

亲密是一种冒险。我们无法预料当我们敞开并允许自己再度有所感觉时，会有什么情况发生。这完全取决于自己的选择。因为一再品尝挫败与失望之后，我们或许必须选择学习抗拒逃开的冲动。能够允许自己待在当下感受的这份能力，来自当我们了解爱的生活需要经营、承诺与毅力后所作出的选择。并不是所有的关系都必须持久经营，有时候结束关系是完全正确的选择。然而同时我们也知道，没有任何一份关系是一帆风顺的。

8. 培养内在的空间——静心。

每当有人询问我的灵性师父任何有关关系的问题时，他的响应总是回到这一个要点上。因为，爱是以静心为基础的；爱情故事的唯一问题，来自我们内在缺乏足够的静心空间。他一再地说着，二十年来他不断地叮咛我们这一点，可是我们从来没有听进去；事实上，静心是我们各形各色内在成长方式的终点。而所谓静心，指的是一份内在的空间，这个空间有能力接纳当下的不舒服，同时待在当下；因为我们已经清楚地知道，基本上我们都是孤独的个体。

成长练习：

一、辨识自己在关系互动中的状态

在关系中时，问你自己："我现在是在内在小孩的空间还是成熟的空间里互动？"

1. 小孩空间的特征：索求、戏码、权力游戏、不诚实、期待、不断地感到失望、控制支配的策略、对对方的不敏感与不尊重、企图改变对方。

2. 成熟空间的特征：看到对方的本然面貌、尊重彼此的需求、了解对方并非你的拯救者、清晰地表达与沟通、不试图改变对方。

二、觉知与练习自己在关系中的真实想法

检视你生活中的亲密关系，询问你自己：

1. 在和这个人的相处中，我隐藏了些什么？

2. 这份隐藏如何影响了我和对方的互动？

3. 当我没有诚实地对待对方时，我自己内在有着什么样的感受？

4. 我害怕自己如果诚实相待，会造成什么结果？

5. 为了让自己更诚实，我需要向对方说些什么？

三、放下权力游戏

检视自己用什么方式在防卫，造成了你亲密关系中的距离与隔阂。

1. 你的防卫行为有哪些特定模式？责备、攻击、孤立、认为自己是对的一方、在背后说别人坏话、报复、进入受害者或拯救者的角色？

2. 在这些行为背后，隐藏着什么样的恐惧？

3. 你要如何摆脱这些行为模式？

四、坦露恐惧与不安全感

挑选一个你生活中重要的互动对象，思索如下问题：

1. 当你对此人坦露你的恐惧与不安全感时，你的感受如何？

2. 当你对此人坦露你的恐惧与不安全感时，你对自己有怎样的批判？

3. 你有着什么样的恐惧？

五、想要改变对方

挑选一个你生活中重要的互动对象，思索如下问题：

1. 你想要对方如何改变？

2. 当对方听到或是感受到你想要他有所改变时，你认为这会为你们的关系带来怎样的影响？

3. 假设对方永远不会有所改变，你会有何感受？

4. 假设对方永远不会有所改变，你仍然想要持续这份关系吗？

六、敞开接受回馈

挑选一个你生活中重要的互动对象，询问他或她：

1. “有什么可以帮助你，让你感觉更安全地靠近我吗？”

2. “我做了什么或说了什么，让你觉得需要远离我？”

七、培养内在的空间

你可以在日常生活中做些什么，来培养内在的宁静与祥和？在大自然中散步、静心、做瑜伽等等。从这些项目中挑选出其中一个，然后许下承诺，每天10至20分钟，持续21天。

第25章　均衡成熟的生命

我们训练课程中的一位女学员戴安娜，是一位亲切、可人、幽默而且深具聪明才智的女性。她在团体中很快就得到大家的喜爱。但是，她并不认为自己具有任何独特之处；相反的，她认为自己是个肥胖、无趣、悲伤的人。她是如此的认同于自己的羞愧形象，以至于看不到自己的特质。戴安娜在我们的深度训练课程中，开始觉知到自己事实上具有许多情绪化小孩所看不到的特质。她开始欣赏自己的天赋特质，以及她展现出它们的独特方式。

制约：基于所作所为的假象自我价值

就好像种子被播撒于土壤中，如果得到足够的灌溉、施肥、照料，它就会开花结果。但是如果缺乏这些，它就只能蛰伏等待着开花，甚至可能死亡。我们过去所接收到的信息通常会让我们误认为，身为一个人的自我价值感，建立在自己的所作所为上；同时也学习到衡量自我价值的标准，在于我们能够把自己的天赋表达得多成功。

我一直认为就支持小孩天赋的发展而言，父母亲面对的是一项十分艰巨的工作。如何给予小孩力量和信心，让他能够坚忍地克服在追求发展自己创造力的道路上所遇到的困难与失望，同时让他懂得，借由放松及自我欣赏，生命将自然地开展、绽放？在我父亲的成长过程中，整个世界是强烈“反犹”的，因此在他的一生中，必须要克服身为犹太人以及深度近视这两大障碍。这两者都带给他强而有力的成就驱策力，他也因此而坚信，唯有借由比较和竞争才能够带来成功。

因此，他就把自己的敏感度埋藏于需要证明自己价值的重压之下。通常，感觉上好像我们除了被催促、控制、比较、挣扎着搞定一切之外，别无其他选择。在这种情况下，我们的自我表达变成了介于奋斗与放弃之间强烈又痛苦的挣扎。这样的进退两难状态，导致我们内在深沉的干扰与痛苦。我们完全不知道自己生命的绽放可以只是来自自己天赋特质的自发性流露。而且万一我们真的成功了，也会将之归功于一大堆的技巧，而不是自己本性的展现。我们甚至很难想象，如果自己的特质真的能够在一个优雅的氛围中有所发展与表达，那将会是怎样的一种情景。

我们自身特质的负向制约

1. 你是不好的，或是不够好的。
2. 没有人引导你探索找到你自己。
3. 你的自我价值在于你的所作所为。
4. 生命是一场无情的竞争，你必须通过竞争挣扎来闪耀自己。

我们大多数人所接收到的对自己特质的制约，通常与灵性师父引导门徒发展自己特质的故事形成强烈的对比。这些故事通常对我们的特质可以如何优雅地绽放，具有非常有价值的启发鼓舞作用。我自己就曾经有过这样的体验。二十年前，我首次来到印度和我的师父在一起。我的脑海中早已预设好要在他的社区中当一名治疗师。我喜爱治疗与静心的结合，并且认为没有什么事比在这样一个令人振奋的环境中做自己喜欢做的事情更美好的了。数百位来自世界各地的人聚集在这里，一起成长学习。再加上，这里与别人一起工作的人们正在一位成道师父的引导下，结合所有最新颖的超个人心理学与静心，进行着一种创新的工作。因此，我结束了加州的治疗实习，来到这里实现这些梦想。

当我开始在社区工作时，我满怀期待希望能快速地成为这个精英团队的一分子。然而，我却花了五年的时间几乎做尽了其他的事——洗碗盘，整理房间，做木工和建筑工，驾驶巴士，行医——所有的事，除了我想做的外。我当时经历了极大的痛苦，而社区又是我唯一想要待的地方，所以我并不想离开。然而，我却必须看着自己的好友做着那些我真正想做的事，同时深恐自己将永远无法实现自己的“有创意的命运”。每年，我都会写信问我的师父是否认为我已经准备好了；而他每次都会回应我说，我目前的位置是最适合我的。

最后，在我放弃了实现梦想的希望之后，我得到了可以开始作为一个治疗师的信息。奇怪的是，我当时已经对自己手边正在做的工作感到非常满足。现在，我对那段痛苦时期满怀不可言喻的感激；因为我现在可以了解，那是教导我更加人性化的一个训练阶段。我了解到，那五年的等待经历为我工作上的成功所带来的影响，甚至比所有的训练课程还要深远。

同时，它在我的内在建立起了坚定的决心。最近一位朋友问我，在等待的那几年中，我内在想要成为一位治疗师的热情有没有任何变化。我想了一会儿，然后回答说，那个过程让我了解到，没有任何事可以阻挡我实现我的梦想。它点燃了我内在的火焰，引领、支持我穿越了过程中所有的失望、失败、拒绝和沮丧。

由向外转向向内观照

师父看见了门徒的天赋，但是他会给予门徒试炼，来培养他的静心空间，他的坚强性格，他的坚忍毅力，以及他的信任、慈悲和耐心。我的师父总是清楚地表示，我们所学习到的技巧并不是我们的本质，而身为一个人的价值也和自己的专长无关。我们的天赋是一种与生命协调一致的自然展开，以及自己内在优秀感的发展。结果是成功还是失败无关紧要，唯一重要的是，自己天赋的发挥与存在的流动之间的协调和谐。

唯一重要的是，自己内在静心空间的深入——也就是我们的觉知、我们可以待在当下发挥所长的能力。事实上，我们所学的技巧只不过是我们静心空间的实验室而已。所有的技巧都是平等的，唯一不同的在于自己内在的承诺，外在的协调能力，以及能够待在当下的程度之别。不论是园艺、武术、吹笛子、烹调、治疗或是泡茶，任何我们所喜爱或是自然本能擅长做的事情，是没有什么差别的。

当没有和自己的特质协调一致时，我们会发现自己总是挣扎着要为了他人而有所成就，而且是依据和他人的比较来验证自己的成就。这是一份痛苦而永无止境的努力与挣扎，让我们与自己越来越疏离。而一旦能够开始看到始终存在着的天赋特质，我们也就同时开始了解，它们的价值并不是来自与他人的比较，或是他人的欣赏。它们纯粹是我们的自然本质。

制约对我们的本质所造成的影响

特质与天赋

负面制约

羞愧的自我形象
导致补偿行为或萎缩

正面制约

健全的自我形象
奠基于协调一致性、静心
空间和欣赏自己的独特

成长练习：

天赋的绽放

1. 坐下来，闭上眼睛。给自己一些时间回到内在。想象你正坐在一个深爱着你的人面前，这个人甚至比你自己更了解你的本质天赋。这个人会怎么描述你呢？你可能会想要写下他对你的描述。

2. 在你的本质的绽放过程中，你曾经如何受到竞争和比较的影响？你当时是如何应对的？你曾经使用哪些特定的策略来让自己的创意绽放？这些策略又是如何映照出你内在关于竞争和比较的信念？

3. 现在想象自己置身于一个没有竞争和比较的世界，你的特质会如何绽放于这个世界？

结 语

有一则禅宗故事。

弟子问盘圭禅师（Bankei Eiketu，日本江户时代临济宗高僧）一个问题：

“师父，我感受到一股无法控制的愤怒，要怎么学习驾驭它呢？”

师父回答：“这听起来蛮有趣的，表现这一股愤怒给我看看吧！”

弟子回答：“我表现不出来，因为这股愤怒现在不存在。”

师父说：“好吧，那就等你感受到愤怒时，把它带到我这里吧！”

弟子抗议道：“但是我不可能刚好在它出现时，把它带到这里来，它总是不经意地出现，而且一定会在我来到这里之前，就又不见了。”

盘圭禅师回答道：“这表示，它不可能是你的自然本性的一部分；如果它是，你就能够在任何时候呈现给我看。你刚出生时，你并没有它；所以，它一定来自外在。”

这样的说法，不只适用于愤怒，同时适用于情绪化小孩的所有向度。它们不是我们的本性，而我们却以为它们是。如果开始理解它们只是我们从外在接收进来的某些东西，会是怎样的一种情形呢？它们不是我们的真相，而且我们不需要让自己的生活过得好像它们是我们的真相一般。我们可能会好奇，如果自己不再受到情绪化小孩的驱使，生活将会有什么变化？爱的生活又会变得如何？当对自己的期待、责备、反弹以及所有支配、控制他人的策略能够保持距离时，会带来怎样的改变呢？没有了上述这些情绪所引发的戏剧性，爱将会变成什么样呢？当我们对自己的成就驱策力以及不断的自我批判能够保持一些空间和距离，生活将会变得如何呢？爱的生活将会变得无聊而空虚吗？如果不催促自己一定要有所成就，难道我们就无法发展自己的创造力吗？少了内在法官的监督眼神，我们就会变得像一个堕落的精神病患者吗？

这些当然是我曾经质疑过的问题，但是我可以看到，它们来自我头脑制约中的恐惧和不信任。我看到过往的经验形成了现在内在情绪化小孩的行为和感觉，仍然紧抓着我；它们感觉起来是如此的熟悉和安全，并且让我有一份认同感。没有了它们，我会感觉相当的迷失；但是，也因为对它们的认同，我的生命搞得一团糟。

卸除对情绪化小孩认同的过程，需要相当长的时间以及相当的耐心和毅力；但是这个过程帮助我了解到，事实上我不需要这份认同感。爱并不是以需求为基础，而是以意识为基础。在意识状态中，我可以和内在的需求小孩有所分离，同时看到它只是由负向制约所创造出来的头脑的一部分。但是，那也不意味着我必须否定自己内在的这一部分，取而代之的是，我可以了解它来自过去，并没有当下事实的依据。佛陀之所以会说“你的本性是圆满具足的”，并不是没有原因的。

我和阿曼娜之间的爱，并不是来自彼此的需求；而是以分享我们的意识，以及对彼此个体性的尊重为基础。我们可以了解各自内在情绪化小孩的不信任、羞愧、恐惧、愤怒和伤痛，以及有时候它们会无意识地陷入粗鲁、反弹、期待这些行为中。但是，情绪化小孩无法创造出真正的爱；相反的，当我们对它缺乏意识、觉知时，它就会暗中破坏我们的爱。

而当没有了情绪化小孩来驱策我的爱情生活时，爱情中的热度和热情也会逐渐消失和冷却。热度和戏剧性来自情绪化小孩对于遗弃的恐惧，当我越来越归于内在中心，能够对于自我孤独感到舒适自在时，这份热情就不再紧抓着我。但是，我发现这个情况不仅没有削减我可以分享的爱，反而加深了它。

几年前，我甚至无法想象自己能够在不需要催促自己的状况下发展自己的创造力和才能，我一直害怕自己可能会屈服于自己的恐惧中。一位引导我发展自己创造力的老师，总是会对我说："克里希，当你总是这么催促自己时，你怎么可能给予存在机会来向你证明，事情总是会以适当的方式在适当的时候发生呢？"在发展创意的这个领域中，如何让自己不受到野心和恐惧的影响，一直是我需要面对的一个最大挑战。然而从过往的经验中我可以清楚地看到，即使我没有不断地干涉，事情仍然会发展出好的结果。对我而言，让我创意的表达不受到冲动的情绪化小孩的影响，可以说是一种极大的释放。天赋始终存在着，而且即使我不企图做些什么来让事情发生，天赋依然会以美丽的流动展现开来。慢慢地，我清楚地看到，我的催促驱策力根本没有资格获得任何信赖与荣耀。

一旦没有了内在法官对一言一行的严密监视，我就能够自由、放松地在生活中，自然地学习到信任自己的聪慧、敏感度、内在对成长的渴望，并且找到自己内在的动机。所有催促者、法官、匮乏的小孩这些特征，都是因应恐惧而产生的心智状态。曾经，我们认为它们是必需的，但是它们已经不再适用于现在的生活了，而只是来自过去却仍然徘徊于现在的自动化和无意识的残留。通过觉知与慈悲，我们可以柔和地把它们摆在一边，回到自己真实的本性——信任自己拥有过着更自然、更具自发性生活的能力。

当我越能够和情绪化小孩的行为和感觉保持距离，我也就越能够看到真正的荣耀和信赖所在——在我的归于内在中心、自然天赋、慈悲、敞开的胸怀以及内在的宁静中。我存在的这些向度一直没有获得它应得的荣耀，但是当我越能够看到它们时，我也就越放松。我接受这是一趟我才刚刚起程的长途之旅，但是，它已然是一趟喜悦的旅程，我越来越不会陷入反弹，即使偶尔我反弹了，我也可以宽恕自己。恐惧、干扰、愤怒、羞愧，仍然偶尔会浮现，然而，我可以观照着它们，让它们如白云般地飘过。我现在与我的挚爱深刻地相处在一起，也对我们一起从事的工作充满热情。我期待本书的读者也能如此体验着生命。